p52 図3-2 ハッブル・ウルトラ・ディープ・フィールド
（Image credit　NASA/ESA）

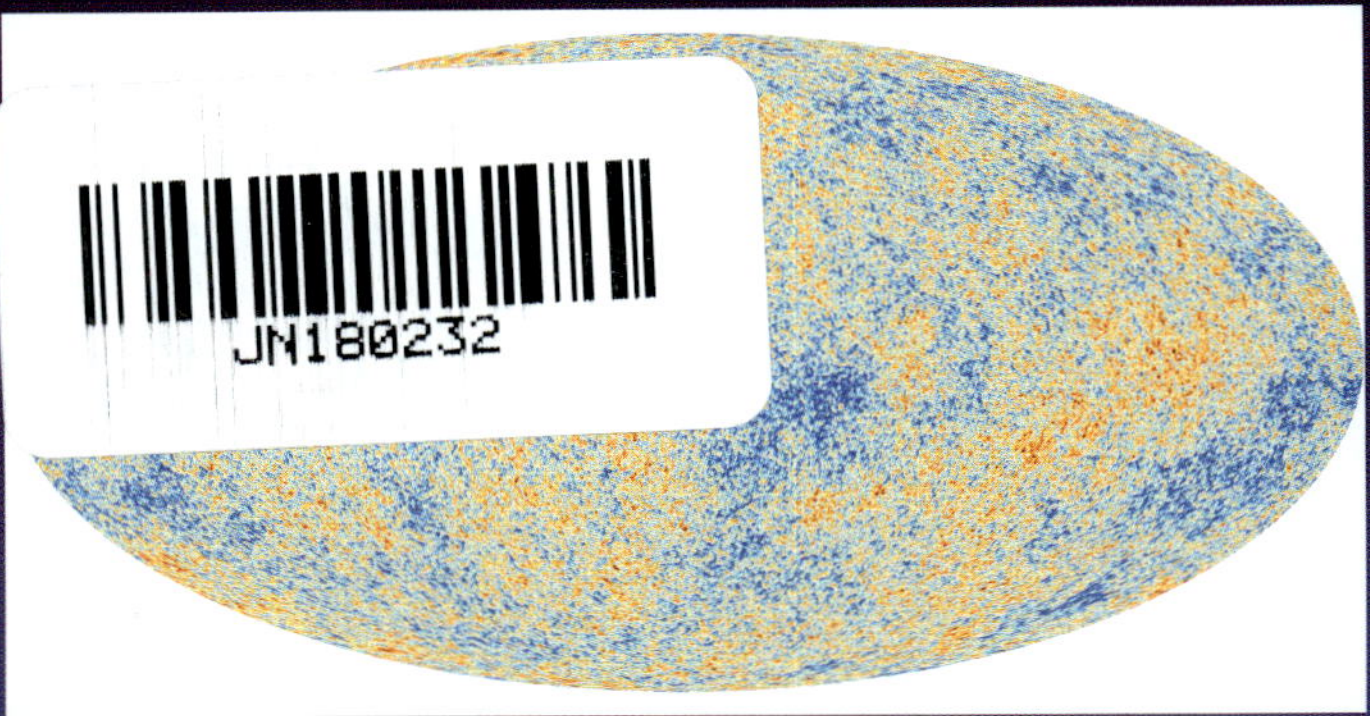

p129 図5-2 宇宙マイクロ波背景放射の強度の全天マップ
（Image credit　ESA/Planck Collaboration）

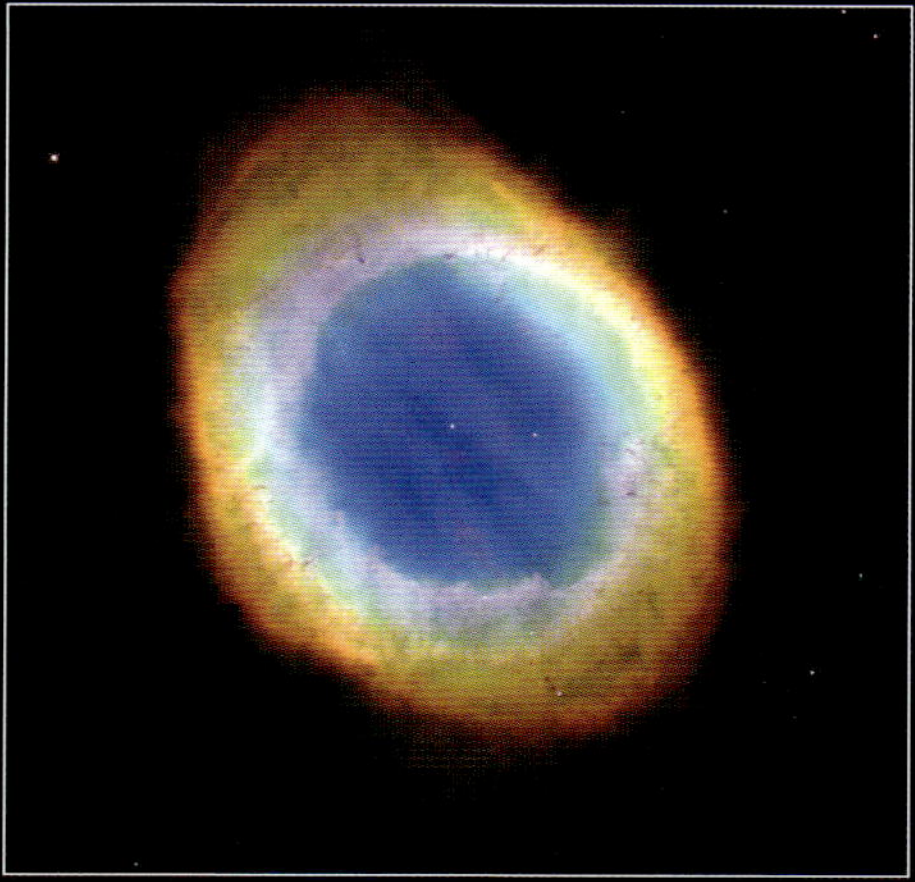

p160 図6-3 ハッブル宇宙望遠鏡がとらえた惑星状星雲M57（Image credit The Hubble Heritage Team (AURA/STScI/NASA)）

p162 図6-4 かに星雲（1054年に起きた超新星爆発の残骸）。中心部にはパルサーが存在し、そのエネルギーで鮮やかに輝いている（Image credit NASA/ESA/J. Hester/A. Loll）

p164 図6-5 超新星1987Aの爆発前（左）と爆発後（右）の画像
（Image credit　David Malin/AAO）

p166 図6-7 可視光とX線で見た銀河団。可視光では星の集合体である銀河だけが見えるが、X線で見ると高温に加熱されて銀河団全体を満たすガス（紫色）が見える（Image credit　NASA/STScI/CXC/MIT/E. H. Peng et al.）

p167 図6-8 激しく星形成するM82銀河と、そこから星間ガス（赤色）が放出される様子
（Image credit　国立天文台）

p219 図8-5 すばるディープ・フィールド。近赤外線で見た、最も遠方の宇宙の姿である
（Image credit　国立天文台）

宇宙の「果て」になにがあるのか

最新天文学が描く、時間と空間の終わり

戸谷友則　著

ブルーバックス

カバー装幀／芦澤泰偉・児崎雅淑
カバーイラスト／Pablo Carlos Budassi
目次・口絵・章扉・本文デザイン／増田佳明（next door design）
章扉イメージ／Freepik, Shutterstock
本文図版／さくら工芸社

はじめに

「宇宙の果てはどうなっているのか？」

誰でも一度は気になったことがある疑問ではないだろうか。太古の昔から現代に至るまで、数え切れないほど多くの人が、この問いについて考え、そして答えを出すことをあきらめてきたことであろう。

だがその点、現代を生きる我々は極めて幸運である。20世紀初頭から現在に至るおよそ100年余りの期間は、人類史上のどの時代に比べても圧倒的なスピードで科学技術が発達し、多くの分野で革命的な変化がもたらされた時代であろう。

いわゆる宇宙観もまた、例外ではない。我々の住む宇宙はどのようなもので、その中の我々はいかなる存在なのか。前世紀初頭に一般相対性理論が登場するまでは、宇宙全体、すなわち「時空」がダイナミックに変化し、しかもそれを正確に予言することができるなどということは想像もできなかった。

やや遅れて発展した量子力学から導き出された原子核や素粒子の物理法則は、我々の母なる太陽のエネルギー源をついに明らかにした。のみならず、様々な重さの星々がどのように進化したのかを知るまでになった。あるものは静かに、そしてまたあるものは華々しく死んでいく様子を、自然科学の言葉で語ることを可能とした。

そしてこの数十年で爆発的に発展した人類の天文観測能力は、我々が原理的に観測可能な約464億光年の半径内で起きている、星や銀河の誕生と進化のドラマをほぼ見通すところにまで到達した。

その結果、星や銀河、そして宇宙そのものの進化の理論は、驚くべき精度で観測的検証が行われている。ビッグバン宇宙論の精度が格段に向上したことにより、今や我々は「宇宙の果てはどうなっているか」という根源的な問いに一定の答えを出すことができる。

もちろん、自然科学が客観的な実験と観測に基づく以上、どうしても限界というものがあり、読者が期待するような完全な回答ではないかもしれない。「果て」があるということは、そこで限られた一つの世界があるということだ。では、その世界が含まれる、さらに広く高いレベルの「世界」はどこまで広がり、そこにまた果てはあるのだろうか。この際限のない問いに対しては、いかに進歩した現代の科学といえども満足な回答は出せていない。

しかし、わずか100年前に比べれば、「宇宙の果て」に関する我々の知見が飛躍的に進歩したことは間違いない。数千年に及ぶ人類の文明史の中で、我々がたまたまそのような時代に生まれついたというのは、まことに幸運と呼ぶべきではないだろうか?

この「宇宙の果て」に、現代の最新宇宙論はどこまで迫り、答えることができるようになったのか。いや、そもそも「宇宙の果て」と言ったときのその定義は何か、から始めなければならない。様々な「宇宙の果て」が考えられるし、実際、様々な意味で使われている。どこまでが確実に言えて、どこからは推測で、あるいは全くの謎なのか。いわば、「宇宙の果て」に対する「人類の理解の果て」、それがこの100年余りの間にいかに広がったかを解説するのが本書の目的である。

このためには、宇宙論やその基となる相対性理論、また星や銀河の形成と進化などについての最新科学成果を説明しなくてはならない。本書は「宇宙の果て」をテーマとしつつも、宇宙論・相対論や天文学の基礎知識はなくても読めるように心がけた。したがって本書を一読することが、現代宇宙論や宇宙進化史、そして最新天文学の概観を把握することにもなると期待している。

「宇宙の果て」という壮大なテーマで正面切って一冊の本を書くということは少々勇気のいることである。だが、この古くからの問いかけに筆者とともに想いをめぐらすことを通じて、現代科学の一つの偉大な到達点が少しでも読者に伝われば幸いである。

宇宙の「果て」になにがあるのか ● もくじ

第3章 宇宙はどのように始まったのか ビッグバン宇宙論の誕生 …… 47

第4章

宇宙はどうしてビッグバンで始まったのか？

時空の果てに迫る

第5章

宇宙の進化史
最初の星の誕生まで

第6章

星と銀河の物語

第7章 観測で広がる宇宙の果て

第1章

宇宙の果てとはなにか

人類の宇宙観の広がり

宇宙の果て――これほどよく使われながら、その定義や実態が不明瞭な言葉も珍しいかもしれない。「果て」という言葉を辞書で引いてみると、第一義としては「終わること」「物事の終わり」、第二義として「広い領域の極まるところ」とある。「宇宙の果て」と言う場合は、第二義つまり空間的な広がりが終わるところ、という意味を想定していることが多いのではないだろうか。

我々が住むこの世界がどこまで広がっているのか、その広がりの終端にはなにがあるのか、これは古代から人間にとって最も根源的な疑問であったことは想像に難くない。地球が丸いということを知らなかった古代人にとっては、大地という2次元世界がどこまで広がっているか、すなわち「地の果て」からして大きな謎であった。

古代人の地球観としてよく見かける絵では、平らな円盤の上に大地と海が存在しており、その円盤の端では海水がザーザーと奈落の底に落ちていく。そうではなく、大地に果てなどはなくて地面が平面として無限に広がっていると考えることもできるはずだが、そういう古代の想像図はあまり見かけない。この大地は無限に広がるのではなく、どこかに果てがあるはずだと考えたくなる人間心理を反映しているのかもしれない。

やがて地球が丸いということが認識されるようになり、大地という2次元世界は無限に広がっているのではなく、有限の表面積を持っているが、一方で果てや境界などはない球面であるということになった。

ちなみに地球が丸いと人類史上初めて認識されたのは意外に古く、ピタゴラスなど紀元前6世紀の古代ギリシャ哲学者たちはすでに地球が丸いと考えていたらしい。紀元前4世紀のアリストテレスは地球が丸いという科学的根拠（南方に行くと星の高さが変わる、月食時に月に映る地球の影が丸い、など）をすでに挙げており、紀元前3世紀のエラトステネスは夏至の太陽の高さが観測地点の緯度ごとに変わることから地球の大きさを正確に概算している。日本にこの概念が伝わったのはマゼランらが実際に地球一周航海を成し遂げた16世紀であることを考えると、ギリシャ恐るべしといったところであろうか。

さて、地の果ての問題が解けると次は宇宙、すなわち我々の住む3次元空間の果てはどうなっているかという問題になる。この問題に自然科学がある程度の解答を出せるようになったのは、「地球が丸い」ということに比べればはるかに時代が下り、20世紀に入ってからのことである。すなわち時間や空間を物理学の対象にまで引き下げてしまった相対性理論の登場と、それに基づくビッグバン宇宙論の誕生である。

よく言われるように、宇宙は約138億年前に超高温の火の玉として誕生し、現在に至るまで膨張を続けている。それはつまり、「宇宙はどこまで広がっているか」という空間的な果てだけでなく、時間方向にも過去にさかのぼることができる限界、つまり果てがあるということである。

現代の物理学では、我々の世界は1次元の時間と3次元の空間を合わせた4次元空間である「時空」と、その中に存在する物質によって記述される。この考えに基づけば、「宇宙の果て」とは空間だけでなく時間方向も考えて、「遠方・過去・未来」の3方向に向かって宇宙はどこまで広がるのか、という問題になるだろう。

際限のない問いかけ

一般社会向けの講演会で宇宙論の話をすると、必ず出てくる質問がある。まずはなんと言っても「宇宙人はいますか?」である。頑張ってビッグバン宇宙論の話をした後で、出てきた最初の質問がこれだった時の脱力感には未だに慣れることができない。その次に多いのがまさに「宇宙の果てはどうなっているか?」「ビッグバンで宇宙が始まる前はなにがあったのか?」といったものである。

筆者もまた、高校生の頃のある眠れない夜、宇宙というものについてあれこれ考えているうちに恐ろしくなったことがある。この宇宙、すなわち我々が認識する物質とそれが埋め込まれている時空がかつてビッグバンという大爆発で誕生したのならば、その「宇宙」が始まる前はなにがあったのか。時空や物質を生み出すさらに高い階層の世界があるべきではないか。それを宇宙と呼ぶのであれば、ビッグバンで誕生した「宇宙」というのは宇宙の一部でしかない。

今後もし、さらに科学が発展すれば、時空と物質という狭い意味での宇宙を生み出す、より大きな基礎法則や世界が明らかになる可能性はある。人によってはそれを神や霊の存在と結びつけようと努力するかもしれない。しかし、今度はその法則を生み出す源はなんなのか、という疑問に必ず突き当たるはずである。結局のところ際限がない。となると、どこまで科学が進歩したとしても、我々はなぜ存在するのか、我々は一体何者なのか、という根源的な疑問には永遠に答えは出ないことになる。ここまで考えて、なんとも言いようのない恐怖を感じたものである。

筆者はその後、大学の物理学科に進み、宇宙を研究テーマに選んだ。20年以上の歳月が流れ、現在は天文学科に職を得て、宇宙論や銀河形成、さらには超新星やガンマ線バーストといった極限天体などの理論研究をしている。すばる望遠鏡などの最新宇宙観測データに触発されつつ、超新星や銀河などの天体現象に基づいて宇宙の全体像に迫るような研究を目指している。

そんな今でも、高校時代に抱いた疑問はむろん、なにも解決していない。それでも生きていく上でそれほど不安を感じなくなったのはおそらく歳のせいであろう。宇宙の果ての果ての、そのまた果ての……と永遠に続きそうな問いが綺麗に解消するような魔法の回答を現在の科学に求められてもそれは無理というものだ。

過去にさかのぼる方向の「果て」について、現時点で科学者が確実な自信を持って言えるのは、この時空と物質としての宇宙が、今から約138億年前にビッグバンで始まったということだけである。そのため講演会で宇宙の果てについて質問されても、「ハテ、ありますかね」としようもない回答をして会場を寒くさせてしまったりするわけだ。

少し失望されただろうか。しかし考えてみてほしい。「宇宙がビッグバンで始まったことを科学として自信を持って言える」ということだけでも、偉大すぎるほどの科学的成果と言うべきではないだろうか。それ以前は、そのようなことは科学の対象ですらなく、神話や伝承の領域であったのだから。

さらには、宇宙がどうしてそのように始まったのか、という問いに対しても、直接観測は不可能で理論的に不完全ながらも、現在の科学知識に基づいてある程度までは推論することが可能である。もちろん科学の常として、推測を重ねていくに従って確度が下がることはやむをえない。

本書の前半では、まず宇宙論の基盤となっている相対性理論について説明し、ビッグバン宇宙論が確立していく過程やその根拠を示して、本当に宇宙はビッグバンで誕生したとしか考えられない、ということを納得してもらいたい。続いてさらに踏み込んで「過去にさかのぼる宇宙の果て」について、現代科学で可能な範囲の推測を示すつもりである。逆に「未来に向かう宇宙の果て」については、本書の最後で触れようと思う。

二つの「宇宙の果て」と地平線

それでは空間方向の「果て」はどうだろうか。現在の宇宙論においてこの意味で「果て」と言う場合、さらに二通りの意味で使われていることを最初に述べておきたい。

宇宙は138億年前に始まり、宇宙には光より速く伝わるものは存在しない。したがって、我々が原理的に観測できる領域の大きさには限りがある。それは現在、我々を中心として約464億光年の半径を持つ球ということになる。この464億光年という限界距離を「宇宙の果て」と言うことが多い。

あれ？　138億年前に始まったのだから、光の速度で到達するのに138億年かかる距離、つまり138億光年ではないのか？　と思われたかもしれない。だが、光が昔に通過した領域はその後の宇宙の膨張により引き伸ばされているので、光が通ってきた経路の長さを今の宇宙で測れば、約464億光年になるということなのだ。

これを専門家は宇宙における「地平線」と呼んでいる。言葉からわかる通り、地球における地平線や水平線になぞらえたものだ。地球表面は平面ではなく、球面である。そのため、まっすぐに進む光で我々が直接的に見ることができる領域は限られている。

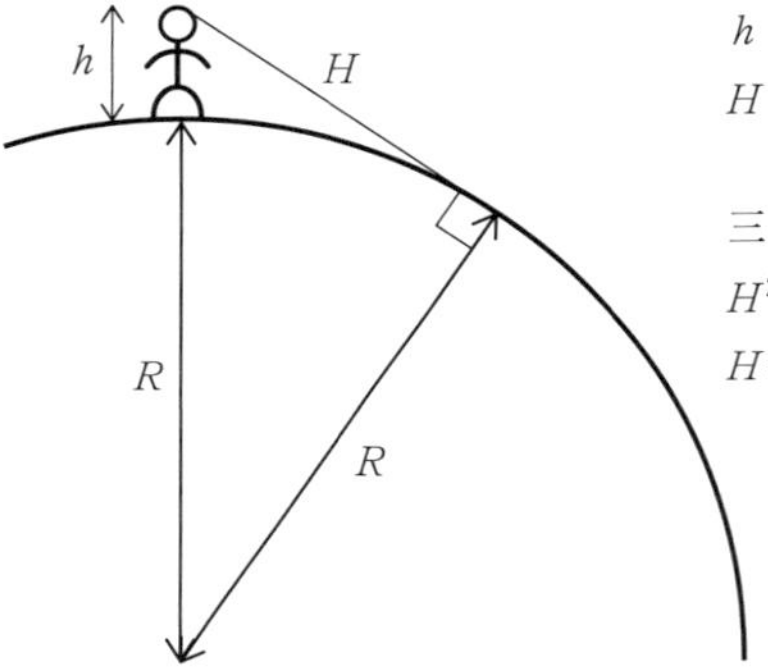

R：地球の半径
h：視点の高さ
H：地平線までの距離

三平方の定理より

$$H^2+R^2=(R+h)^2$$

$$H=\sqrt{h(2R+h)} \fallingdotseq \sqrt{2Rh}$$

図1-1　地球上における地平線までの距離の求め方

図1－1に示すように、ある観測者が遠くを見る場合の地平線までの距離は、その視点の地表（あるいは海面）からの高さと地球の半径（6400キロメートル）から計算できる。視線の高さとして身長170センチメートルの人を考えると、地平線までの距離は約4・7キロメートルということになる。高さとして富士山の標高3776メートルを考えると、今度は約220キロメートルとなる。東京は富士山から約100キロメートル離れていて、この地平線内にあるから、天気が良ければ富士山が見えるというわけだ。

余談ながら、高校時代の私の友人に、アニメ「キャプテン翼」の劇中で翼くんがドリブルで駆け上がると地平線の下にあったゴールポストがわずか数秒でせり上がってくることから、翼くんの走行速度を計算した男がいる。ちなみに結果はマッハ5程度となる（マッハ1は空気中の音速で定義され、秒速340メートル

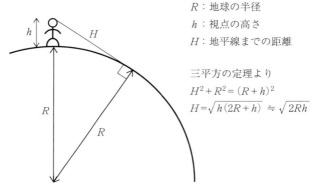

あるいは時速1220キロメートルである)。

話を元に戻そう。宇宙における地平線も、地球上の地平線も、光が直接届く範囲という意味では変わりない。しかし両者の間には一つ重要な相違点がある。地球の地平線は地球表面が平面ではなく曲がった曲面であるために生じるものだが、宇宙の地平線は宇宙が始まってから138億年という有限の時間を持っていることに起因する。したがって遠方から届く光はそれだけ昔に放たれたものであり、よく言われるように宇宙では「遠くを見ることは過去を見ること」になる。宇宙では「空間方向の宇宙の果て」に迫る旅は、「過去にさかのぼる宇宙の果て」に迫る旅でもあるのだ。

ここに、歴史学や考古学、あるいは地球史といった過去の歴史を扱う他の学問分野にはない、天文学ならではの魅力がある。より性能のよい望遠鏡を作り、より遠くを観測していけば、銀河や宇宙がどのように進化してきたかをタイムマシンのようにさかのぼって直接見ることができるわけである。この地平線に対応する宇宙の果て、464億光年を、本書では我々が観測できる限界という意味で、「観測可能な宇宙の果て」と呼ぶことにする。

実際、最新鋭の地上巨大望遠鏡や宇宙望遠鏡によって、宇宙が誕生してからまだ5億年(現在からさかのぼること133億年)、宇宙の大きさが現在の10分の1だった頃の銀河が観測されている。この銀河までの、現在の宇宙における距離は310億光年になるから、人類の天体観測はすでに観測可能な宇宙の果てまでの66パーセントに到達していることになる。時間軸で言えば、138億年のうちの133億年、実に96パーセントまでさかのぼっている。

光を通じて直接観測するという意味では、人類の宇宙観測はさらに過去にさかのぼる。この宇宙は宇宙マイクロ波背景放射と呼ばれる電波（電波も光も電磁波の仲間である）で満ちていて、その電波は宇宙誕生から約38万年の頃に発せられたものが、ひたすら宇宙空間を直進し、我々に直接届いているのである。電波が出発した地点は現在、我々から455億光年の彼方にある。観測可能な宇宙の果てまでの実に98パーセントである。

これより昔になると光が直進できなくなるので、観測可能な宇宙の果てである464億光年先を実際に光で見るのは不可能である。地球上の地平線に例えるなら、地平線のわずか手前に雲が広がっていて、地平線そのものは見ることができないということになる。

本書の後半では、人類の宇宙観測がいかにして「観測可能な宇宙の果て」までの大部分を直接見るまでに至ったのか、その道のりと最新の動向を、銀河や星の誕生と進化の物語を交えて説明するつもりである。

地平線を越えて

「観測可能な宇宙の果て」とはつまり、光が届く範囲ということであるから、実際に宇宙そのものがそこで終わるわけではない。宇宙——すなわち時空とそれを満たす物質はそこからさらに広がっているはずである。その空間的な広がりがどこまで続くのか、それこそがいわば真の「宇宙の果て」とも言えるものだろう。本書ではこれを「空間的な宇宙の果て」と呼ぶことにする。

多くの宇宙関係の書物では、この二つの全く異なる概念に対して同じ「宇宙の果て」という言葉を使っている。書籍のタイトルや新聞の見出しなどでも、「ここまで宇宙の果てに迫った」というようなものをしばしば見かけるが、それらはほとんど、「観測可能な宇宙の果て」という意味である。上に述べたように、この意味の宇宙の果てであれば我々天文学者は自信を持って「ここまで宇宙の果てに迫った！」と胸を張ることができるからだ。

だがそれは、「空間的な宇宙の果て」に比べれば極々わずかな世界に過ぎない。実はかなりの数の読者は、「宇宙の果て」というタイトルを見た時にむしろ「空間的な宇宙の果て」という意味を期待するのではあるまいか。我々天文学者は研究成果を一般社会に伝える際、少しでも魅力のあるタイトルにしようとして、ついつい（確信犯的に？）「宇宙の果て」という言葉を使ってしまうのだが、業界人としてこの点は若干の良心の呵責を感じざるをえない。

空間的な宇宙の果てについては、必然的に、「観測可能な宇宙の果て」に比べて自信を持って言えることは著しく限られてしまう。地球における地平線と違い、実際に船や飛行機で地平線の向こう側に行ったりすることができないからだ。しかし一方で、これも考えてみれば驚くべきことであるが、最新の精密宇宙観測に基づいて、宇宙が「観測可能な宇宙の果て」の向こうにさらにどこまで広がっているかについても、ある程度のことを科学的に言うことはできる。これについても本書の中で触れていくことになろう。

第 2 章

時空の物理学

相対性理論

相対論と宇宙論

相対性理論（略して相対論）はご存知の通りアルベルト・アインシュタインによって構築され、物理学に革命をもたらした理論である。１９０５年に発表された特殊相対論は、光の速度がどの観測者にとっても不変という衝撃の観測事実を説明するために、運動している人と静止している人では時間や空間が異なると考えた理論である。人類が長らく抱いていた、時間と空間についての概念を一変させたと言える。一方、１９１５年に発表された一般相対論は、特殊相対論を重力が含まれるように拡張したものである。その拡張のカギとなったのは、重力は時空のゆがみ（曲がっていること）であるという独創的なアイデアであった。

特殊相対論は仮にアインシュタインがいなくても、誰かがいずれ同じような理論にたどり着いたように思われる。事実、運動している人にとって時間と空間がどのように変わるかという数学的な変換は、特殊相対論に先立ちヘンドリック・ローレンツによって導かれたもので、ローレンツ変換と呼ばれる。

しかし一般相対論の「重力は時空のゆがみ」という発想は、おそらく自然科学の歴史の中でも最も独創的でユニークな発想の一つとも言うべきものだ。一般相対論が物理学者の常識となっている現代の筆者が想像しようとしても、正直、どうしてこんなことを思いついたのか、およそ見当がつかないレベルのものである。私も含めた多くの凡庸な科学者にとっては、こういうところに天才と凡人の間の越えられない壁を感じたりするものだ。

いずれにせよ、この一般相対論によって時間や空間は永遠不変ではなくダイナミックに変化するものとなり、しかもそれが物理学の法則によって記述できるようになった。宇宙というのは結局のところ時間と空間であるのだから、科学史上初めて、宇宙そのものが自然科学の対象になりうる状況が出現したわけである。

この一般相対論をその基礎に置いて、ビッグバン宇宙論は誕生した。ということで、宇宙の果てを考える上で相対論を避けて通るわけにはいかない。相対論に関する書籍は数多く出版されているので、本書では宇宙論を理解するための最低限の説明にとどめようと思う。

光の速さの摩訶不思議

特殊相対論の出発点は、「光はなにに対して一定の速度で伝搬するのだろうか?」という問いかけであった。物体の運動速度を測定することを考えよう。我々の日常感覚では、観測者が静止しているか、あるいは運動しているかで測定される物体の速度は異なる。地面に立っている人にとっての電車の速度と、それに並行して走る自動車に乗った人にとっての相対的な電車の速度は異なるという、誰でも経験することである。

光に基本的な速度があるなら、それはどの観測者にとってのものだろうか？　例えば、空気中を伝搬する音を考えてみよう。音というものは、静止した空気に対して伝搬するものだ。音を出すものが運動していたり、音を聴く人が運動していたとしても、音が伝わる速度には関係がない。

「音速より速い速度で飛んでいる飛行機の後ろにいる人に、その飛行機の音は聞こえるのか？」という質問を受けたことがある。正解はもちろん「聞こえる」だ。飛行機がいくら速い速度で運動していようが、音は静止している空気に対して秒速約３４０メートルで伝わるのだから。ただしドップラー効果によって音波は大きく引き伸ばされて、音程は著しく下がる。

では光の場合、音にとっての空気に対応するものはなんだろうか。相対論が登場する以前は、「エーテル」と呼ばれる媒質が宇宙を満たしており、そのエーテルに対して光は一定の速度を持つと考えられた。この自然な予想が見事に打ち砕かれたのが、アルバート・マイケルソンとエドワード・モーリーという二人の科学者によって１８８７年に行われた実験である（図２－１）。

太陽系がエーテルに対して運動しているなら、光の進む方角によって光速が異なるはずである。そこで彼らは様々な方向で光の速度を測定する実験を行った。仮に太陽がエーテルに対して静止していたとしても、地球は秒速30キロメートル（光速の1万分の1）で太陽の周りを公転しているのだから、春と秋では実験装置の運動方向が逆転し、光速に変化が見られるはずだ。しか

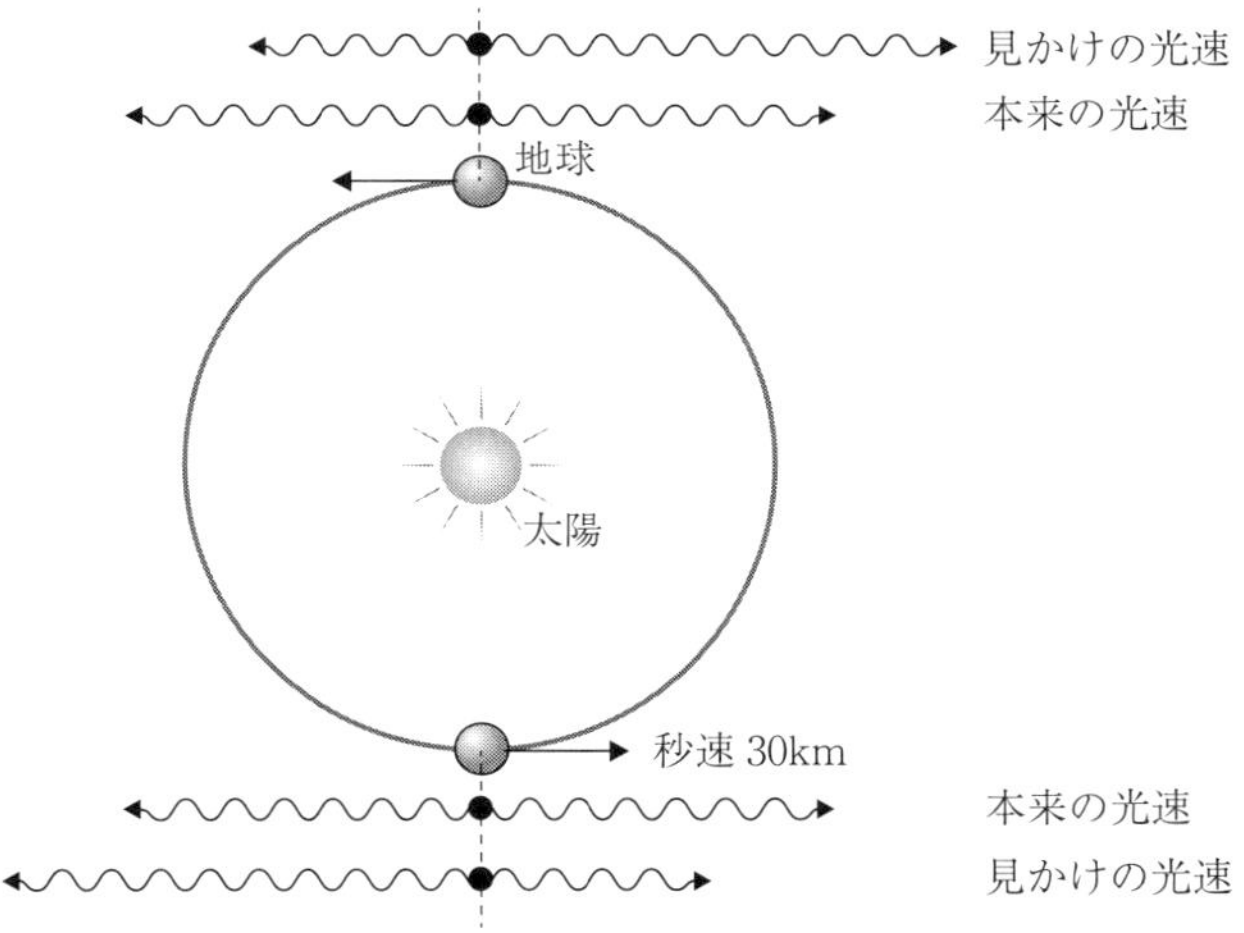

図 2-1 マイケルソン - モーリーの実験
光がエーテルに対して一定の速度を持つと考えると、季節によって見かけの光速に違いが生じるはずだが……。

し結果は驚くべきもので、光速はどの方向、どの季節でも常に同じ速度で観測されるというものだった。エーテルどころか、地球の公転の影響すら検出されなかったのだ。

この結果に対して様々な仮説が提唱された。例えば、エーテルは地球にひきずられており、常に光速は同じに見えるといったものだ。だが現在では、もっと大胆だが、ある意味最も素直と言える解釈が確立している。それは「宇宙のどこでどんな運動をしている人にとっても、光は厳密に同じ速度で伝わる」というものであり、特殊相対論の基礎となるものである。

まさに、実験結果を「あるがままに

受け入れる」という意味で、自然科学らしい態度と言える。だが一方で、これは我々が普通に考えている、永遠不変の3次元空間と、それとは独立に一定のペースで流れる時間という概念がもはや成り立たないことを意味している。

古代の人間は、感覚的に大地は平面であると考えた。だが、それは自分のいる狭い領域で正しいように見えるだけで、本当は地球という球の球面であった。これと同じで、従来の空間と時間についての概念は人間の勝手な思い込みであり、物体の運動が光速よりはるかに遅い場合に近似的に成り立つものに過ぎなかったのである。

特殊相対性理論の誕生

さてそうなると、光速度はどこでも誰にでも絶対不変という事実に合うように、時間や空間を定義し直す必要がある。カギとなるのは、静止している人と運動している人の間で変わらないもの（不変量）はなにか、ということである。従来の考えでは、3次元空間におけるある線分の長さは、世界の誰にとっても同じであった。相対論ではこの考えを捨て、新たに、光速度そのものが不変量であると考える。

ピタゴラスの定理（三平方の定理）を考えるとわかりやすいだろう。x軸、y軸、z軸で定義される3次元空間において、棒の長さlの2乗はそれぞれの軸上の長さの2乗の和になる（図2

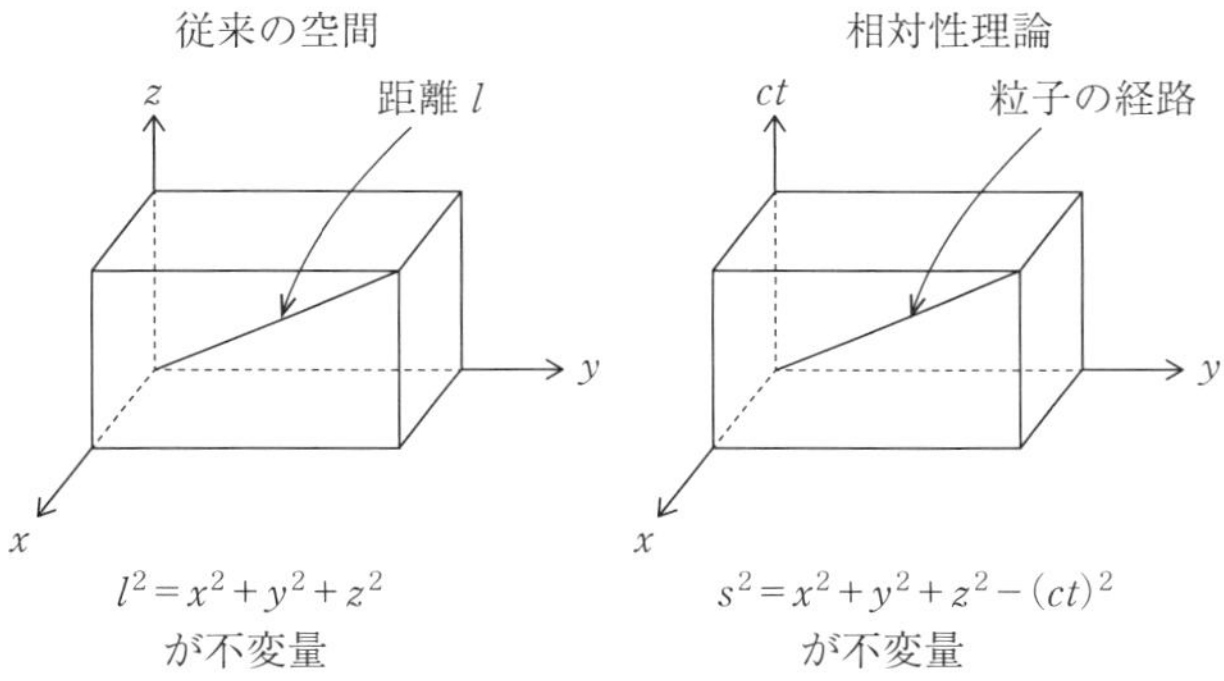

図2-2 相対性理論における不変量
右の図ではz軸を省略してある。

－2）。従来の空間では、棒の長さlは誰にとっても変わらないものなので、これが不変量となる。

だが相対論ではこれは不変量ではなく、時間軸を追加した4次元時空において、時間と光速をかけたctの2乗を引いた量sを不変量とする。光の速度で運動するものは、sがゼロである。どの観測者にとってもsが不変であるように時間と空間を定義すれば、光速度は誰にとっても不変となる。

このsが不変となるように、運動している人と静止している人の間の時空の変換法則を数学的に導くことができる。これがローレンツ変換と呼ばれるものだ。ここでは従来の時間と空間に対する概念は完全に捨て去られており、時間と空間は独立ではなく、混ざって変換される。そのため、よく知られているような「走っている時計は遅れる」とか、「移動している棒の長さは縮んで見える」といった、一見、超常現象のようなことが起きる。

にわかに受け入れ難いかもしれないが、これは「光速度がどの観測者にとっても一定」という観測事実からほとんど必然的に導き出される結論と言える。さらに、今日ではこれらの効果は精密な実験でよく検証もされている。

しかしこうなってくると、そもそも時間とはなにか？　空間とは、長さとはなにか？　という哲学的な疑問にとらわれる人もいるかもしれない。そもそもそれらはどう厳密に定義されるのか？

我々の日常では、2地点間の距離は、物差しやメジャーを当てて測ればよいと考える。しかし現在の物理学においては、光速より速く移動するものは存在しないとされている。つまり、空間的に場所が異なる2地点の間を移動するには必ず一定の時間がかかる。これは、ある同時刻に、離れた2地点に物差しを当てて距離を測るということが原理的に不可能であることを示している。これを正確にやろうとすれば、2地点の物差し上の目盛りを完全に同時刻に読まなければならないからだ。

むしろ時間と空間を規定する本質的な存在は光であり、それを用いて長さも定義されることになる。時間については、例えば原子核崩壊を起こす放射性元素など、一定の時間で起こることが知られている物理現象を使えば、自分がいる場所での時計を作ることができる。

では空間の長さはどうするかというと、まず自分が光を放ち、離れた場所に置いてある鏡に反射されて光が戻ってくるまでの時間をその時計で測ればよい。光速度が一定ということから、その鏡までの長さが割り出せる。相対性理論では、時間や空間というものはこのように定義される。

デカルトの「我思う、ゆえに我あり」ではないが、まず観測者が誰かということを明確に規定することで初めて、時間も空間も明確に定義できるのだ。絶対的な時間も空間も存在せず、観測者によって異なることになる。これが「相対性」ということである。

一般相対性理論への発展

しかし、特殊相対論にはまだ不十分な点があった。一定の速度で運動する観測者にとって時間と空間がどうなるかは特殊相対論によって明らかになったのだが、すべての観測者が常に同じ速度のままで運動しているわけではない。一般には、観測者の運動速度は刻一刻と変わっていく。速度が時間とともに変化することを加速といい、その速度の変化率を加速度という。

加速運動をする観測者にとって、時間と空間は一体どうなるのだろうか？　ある人が加速運動をしていたとしよう。その人にとっては、周囲のすべてのものが逆向きの加速度で運動しているように見えるだろう。ここで力という概念との関係が出てくる。相対論以前のニュートン力学では、物体は外から力が働かない限り、ずっと同じ速度で運動を続ける。そして力が加わった時だけ、それに比例して速度の変化、つまり加速度が生じるとされる。

したがって加速運動をする観測者にとっては、周囲のすべてのものに、自身の運動と逆向きの加速度を生じさせる力が加わっているように見えるはずである。電車が動き始める時、その中では乗っているすべての人に電車の進行方向とは逆向きの力が加わるように感じることは、読者の皆さんにも経験があるはずだ。

このごくありふれた現象の中に、実は時空と重力の間の特別な関係が隠されている。一見あたりまえに見える現象を深く考え直すことで一般相対論への道が開かれたのである。

重力と加速運動

現在、自然界には4種類の力が知られている。重力、電気や磁気の力をまとめた電磁気力、原子核の中の陽子や中性子をつなぎ止めている「強い力」、そして中性子を陽子に変えると同時にニュートリノが放出されるなどの現象を引き起こす「弱い力」である。

実はこの四つの力のうち、重力だけが持つ特筆すべき性質がある。それは、重いものも軽いものも、重力によって生じる運動の加速度は同じであるというものである。塔の上から重い球と軽い球を同時に落とすと、どちらが先に地面にぶつかるか。これが、ピサの斜塔で行われたという有名な逸話が残るガリレオ・ガリレイの実験である。空気抵抗などの効果を除いた理想的な実験なら、両者は同時に地面に到着するというのが正解である。

物体の運動を決めるのは加速度であるから、この事実は重力によって発生する加速度が物体の重さによらないことを示している。このような性質を持つ力は、実は重力だけである。例えば電磁気力を考えると、同じ電圧で陽子と電子を加速すると、両者は同じ電荷（ただし符号は逆である）を持つので同じ大きさの力が加わるが、電子は陽子のおよそ2000分の1の重さのため、はるかに動きやすく、2000倍大きな加速度が生じる。

重力のこの奇妙な性質について、ニュートン力学による説明はやや回りくどいものである。物体にかかる重力は、その物体の質量（重さ）に比例して大きくなる。万有引力の法則である。一方、質量が大きいと、同じ力が加わってもその分だけ動きにくい、つまり加速度が小さくなる。結局、この二つの効果が相殺して、物体の質量によらず同じ加速度が生じるというわけだ。

一応、これで説明にはなっているが、なんだかすっとしない気分にならないだろうか？「すべての物体が同じ加速度で運動する」という、ごく単純で美しい事実を説明するのに、物体ごとに異なる力の大きさや質量を持ち込むのは美しいとは言えない。そんなところに、より深い物事の本質が隠れていることがある。この場合もまさにその一例で、一般相対論はこの性質に注目することで、より深い重力の本質をとらえた理論が得られたものなのである。

この重力の性質のために、先ほど述べた「加速運動する観測者の周囲の物体が逆向きに加速して見える現象」と、「重力が加わることで物体が加速される現象」は実は区別がつかない。どちらも、観測者の周囲のすべての物体が同じ加速度で運動することになる。

別の言い方をすれば、重力が働いていても、その重力による加速度で周囲の物質と一緒に落下する観測者から見れば、周囲の物体には加速度が働かない、つまり重力が消えることになる。落下するエレベーターに乗った人は、その中で無重力状態を観測することになるのだ。

スペースシャトルの中はなぜ無重力？

ここで、読者の多くの方が誤解しているだろうと思われる衝撃（？）の事実を紹介したい。軌道上のスペースシャトルの中で宇宙飛行士がふわふわと浮かび、無重力状態になっている映像をよく見かける。では、「スペースシャトルの中はなぜ無重力なのか？」という質問に、皆さんはどう答えるだろうか。多くの人は「スペースシャトルは地球から遠いところを飛行しているので、地球の重力が及ばないから」と答える。しかしこれは完全な誤りである。

スペースシャトルの典型的な地表からの高度はたかだか数百キロメートルに過ぎない。東京と名古屋の間の距離ぐらいで、地球の半径に比べれば小さなものだ。つまりスペースシャトルは、宇宙から見ればほとんど地球にへばりつくように飛んでいる。地球の重力の大きさは地球の中心からの距離で決まるから、地上にいる我々と、軌道上のスペースシャトルで重力の大きさは実はほとんど変わらない。

ではなぜ、無重力となるのか？　正解は「みんな一緒に落ちているから」である。スペースシャトルが「落ちている」というのは変に聞こえるかもしれないが、地球の重力に引かれて進路が変わっているという意味では、木から落ちるリンゴと変わらない。ただ、スペースシャトルは地球の表面に沿って高速で運動している。スペースシャトルの落ち方が地球の表面の曲がり具合にぴったり合っていれば、スペースシャトルは永遠に地球の周りを回りながら、落ち続けるのである。

すでに述べたように、すべてのものが重力に身を任せて自由落下する場合、加速度は同じなので、相対的な加速度はすべて消滅して無重力状態になるのだ。つまり、スペースシャトルの中の無重力状態とは、エレベーターが降り始める時に一瞬体が浮くように感じる、あの日常的な現象となんら変わりはないのである。

筆者は京都大学に在職していた際、1回生向けの宇宙科学入門という講義を担当していて、最後に印象に残ったことをレポートで提出させていたのだが、多くの京大生もやはり誤解をしていたようで、この点をレポートに書いてくる学生が多かった。

ちなみにその講義の中で、昔の漫才の「赤信号、みんなで渡れば怖くない」というネタに絡めて、「みんなで一緒に落ちれば重力なんてなくなるんだよ」と話したところ、法学部のある学生のレポートで「みんなで渡れば怖くない、という発言は極めて不適切である」と怒られたことがある。先生を躊躇なく叱責する京大生の自主性に感心すると同時に、時代の変遷を感じたものである。

重力とは、時空のゆがみ⁉

物体が「観測者の運動により加速されて見える」ことと「重力によって加速される」ことは本質的に同じであり、そこに深い意味があるとしたところが一般相対性理論の出発点と言える。アインシュタインはこれを「生涯最高の思いつき」と述べた。すべてのものが同じ加速度で運動するのだから、物体ごとに異なる「力」が働いていると考える必要はもはやない。時間と空間の物理的性質に還元されるべきものだと考えるのである。

ただし、この二つの加速現象の間には一つだけ重要な違いがある。前者の「見かけの加速」は、観測者が加速運動さえすれば必ず生じるものだ。一方で、地球の重力はそこに地球という巨大な物体があることによって生じるものだ。観測者の運動によって、地球が存在したりしなかったり、ということはない。ということは、物体が存在することによって、時間空間のなんらかの物理的性質が変化するということになる。一般相対論では、それは4次元時空が曲がっている

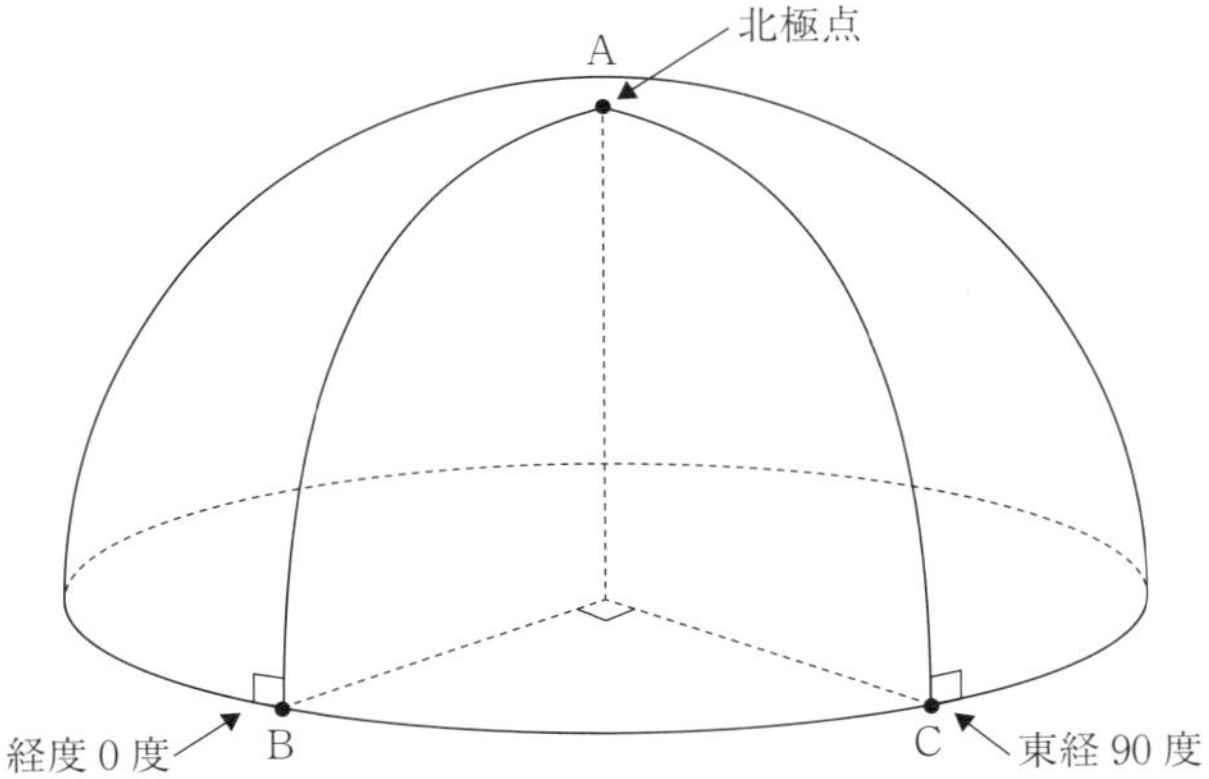

図2-3　球面上での三角形

（ゆがんでいる）とする。

我々が普通に想像する、縦、横、高さの3方向に広がる3次元空間は、ゆがみや曲がりがなく「平坦」であるという。ではゆがんだ空間とはなにか？　これを3次元空間について想像するのは人間には極めて難しい（少なくとも筆者にはできない）のだが、ゆがんだ2次元空間（つまり面）を理解するのは容易である。平坦な2次元空間とはすなわち平面であり、ゆがんだ2次元空間とはいわゆる曲面である。球面もその一例である。

球面上では面のゆがみにより、三角形の内角の和が180度になるといった通常の幾何学の定理はもはや成立しない。例えば図2－3のように、地球表面上で、北極点と、赤道上で経度0度と東経90度の3点を結ぶ「三角形」を考えてみよう。この三角形の3辺は、3次元空間の中では曲がった曲線だが、球面という2次元空間しか認識できない観測者にとっては、球面上のその場その場でまっすぐ進んだ「直線」である。それぞれの頂点の内角は90度なので、この三角形の内角の和は270度になる。

では、なぜ時空のゆがみが重力の働きをすると考えられるのだろうか？　これは以下のような例えを考えるとわかりやすい。図2－3で、北極点にいる観測者が、赤道に沿って移動する物体を観察することにする。赤道上の物体は、その場その場でまっすぐ進む。つまり赤道上をずっと回り続ける。これはその物体に外から力が働いていないということである。

これを北極点の観測者から見れば、物体はまっすぐ進んでいるにもかかわらず、自分との距離は一定で、自分を中心に回っているように見える。これは地球表面が曲がっているために起こる現象で、ゆがみのない平面上ではありえない現象である。

相対性理論ではこれを4次元時空で考えなければならないが、本質は同じである。太陽から見ると、地球は一定の距離で自分の周囲を回っているように見える。ニュートン力学では、これは太陽による重力で地球の進路が変えられている（つまり、加速運動をする）とみなす。しかし一般相対論では地球は力を受けず、あくまでその場その場をまっすぐ進んでいるだけなのだ。しかし太陽の存在のために時空がゆがんでいるため、地球は太陽の周りを回り続けるのである。地球の周りを回るスペースシャトルも同じだ。まっすぐ遠くまで飛んだつもりの孫悟空が、実はお釈迦様の手の上でぐるぐる回っていただけだった、という話にどこか似ているとも言えるだろうか。

ここでよく受ける質問がある。ゆがんだ2次元空間である球面は、3次元空間の中に存在する。地球の表面に住む人間は、表面の2次元世界に加えて、空へ向かう垂直方向というもう1次元も認識できる。時空がゆがんだ4次元空間ということなら、これは5次元だとかもっと高次元の世界が本当はあって、4次元時空はその中に存在しているということだろうか？

実に良い質問である。残念ながら、その答えは今のところわからない。現実世界において我々が認識できるのは4次元のみである。確かに、ゆがんだ2次元空間を考える上で、3次元空間に埋め込まれた曲面を考えることは理解の助けにはなる。しかしそれは、ゆがんだ2次元空間が存在する場合は必ず3次元空間の中にあるということを意味するわけではない。一般相対論は「ゆがんだ4次元時空」のみを数学的に扱うことで、現在のところすべての実験事実を説明できている。事実を説明する上で必要最小限の仮定や理論を求めるのは自然科学の基本的な態度である。

もちろん、必要がないので存在しないということにはならない。将来、物理学が進展すれば、実は我々の4次元時空はもっと高次元の空間の中に埋め込まれたものであるということになるかもしれない。実際、さらに発展した重力理論の候補として、そのようなものが長年研究されている。しかし今のところ、新たな次元を追加しなければならないという実験事実は見つかっていない。

一般相対論の完成とその実験的検証

長々と説明してきたが、結局のところ重力および時空の理論である一般相対論は、この世界にどのように物質が分布していると、どのような時空の構造が実現するかを教えてくれる理論であると言ってよい。その基礎方程式がアインシュタイン方程式と呼ばれるものである。これは、時空のゆがみを数学的に表す「曲率」と呼ばれる量と、物質の質量やエネルギーの分布を結びつける方程式である。重力が弱く物体の運動速度が光速よりずっと遅い場合には、ニュートンの万有引力の法則に帰着する。

ある初期の時点で物質の分布が与えられたとしよう。ニュートン力学では、固定された時間と空間の中でその物質がどう変化するかしかわからなかった。だが一般相対論によれば、物質のみならず、それによってどう時空の構造がゆがみ、そしてその時空の構造が進化していくかまで教えてくれる。これが一般相対論のすごいところであり、それまで神話の領域であった宇宙論を科学の俎上《そじょう》にのせることを可能にしたものである。

もちろん、いくらアインシュタインが偉大だからといって、その提唱された理論がすぐに受け入れられたわけではない。自然科学である以上、旧来のニュートン力学と一般相対性理論のどちらが正しいのか（あるいはどちらも間違っているか）、これは実験的な検証のみが決められることである。それについて本書で詳述する余裕はないが、一般相対論がこの100年余りの間、様々な実験・観測的検証を耐え抜いてきて、未だにほころびを見せないというのは実に驚くべきことである。

有名なところでは、重力による光の進路の曲がりや、水星の近日点移動がある。ニュートン力学では光は重力で曲がることはないし、また、太陽の周りを回る惑星は一定の楕円軌道を永遠に回り続ける。しかし皆既日食の際に観測される太陽の近くの星の光は、太陽の重力によって1・75秒角（1秒角は3600分の1度）ほど曲げられる。また、水星の楕円軌道の長軸方向は、100年間で574秒角というペースでゆっくりと回転している（近日点移動）。これらはすべて、一般相対論の予言する数値に正確に一致している。

水星の近日点移動は一般相対論が登場する以前から知られ、従来の物理学では説明できない謎であった。未知の惑星があって水星の軌道に影響を与えているという説まであった。それが、全く別の動機からできた理論によって華麗に解決してしまったわけである。これほど説得力のあることはない。

このような客観的な検証を通じて、一般相対論は人類が現時点で持つ最高の重力および時空の理論として確立してきた。今ではカーナビや携帯でおなじみのGPSシステムでも、衛星電波から自分の位置を正確に推定する上で、相対論的な効果が考慮されている。現在のところ、相対論と明らかに矛盾する観測事実は一つも見つかっていない。

さらに一般相対論の誕生からちょうど100年後の2015年には、二つのブラックホールの合体からの重力波が検出され、大きく報道されたことをご記憶の読者も多いだろう。重力波は時空のゆがみがさざ波のように伝わる現象で、太陽の30倍もの質量を持つブラックホールの存在を明確に証明したと同時に、一般相対論の究極の検証と言えるものである。

この相対性理論に基づいて宇宙の成り立ちを考えることがいかに自然で根拠のあることか、これでおわかりいただけたかと思う。

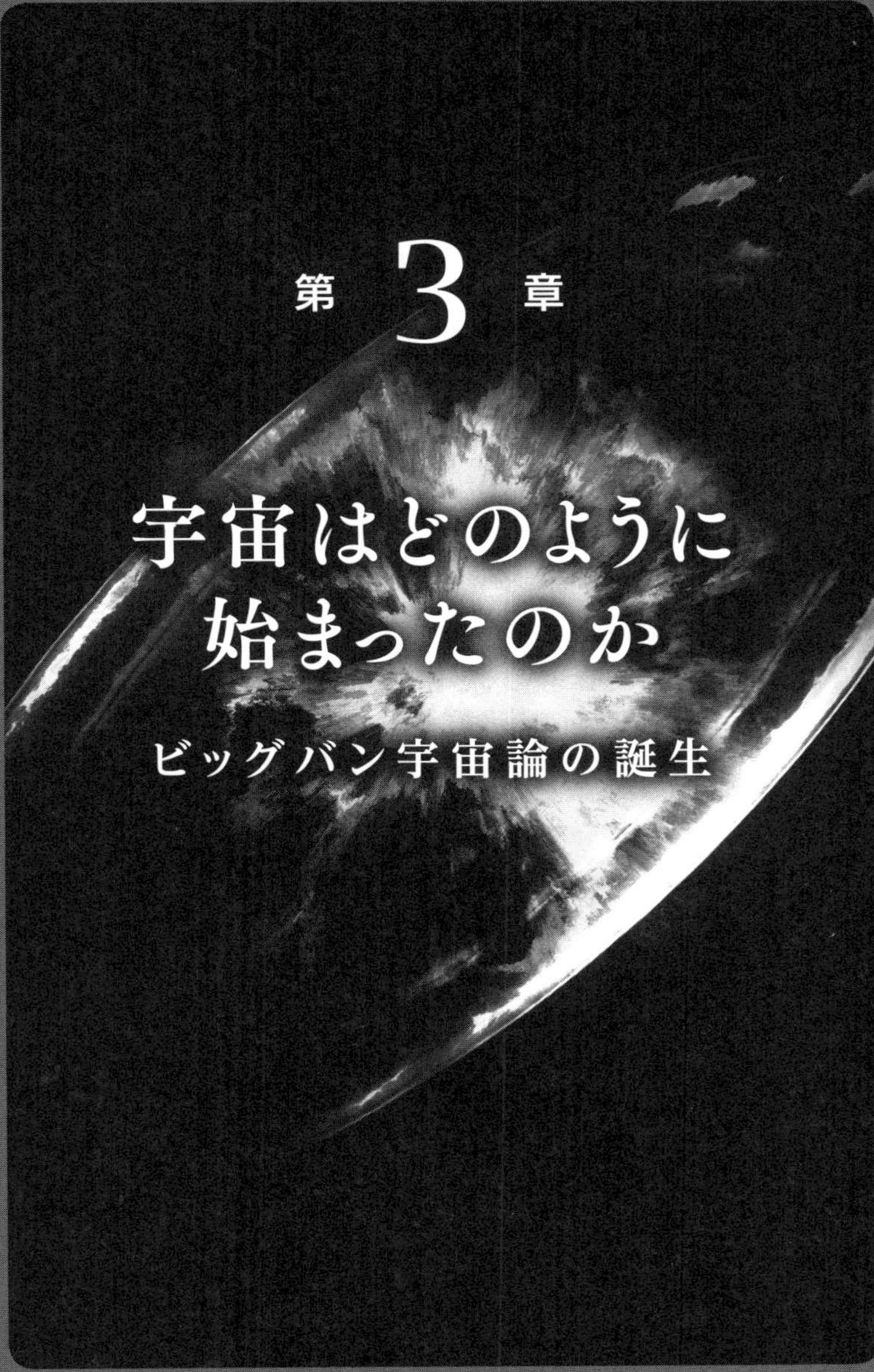

第3章

宇宙はどのように始まったのか

ビッグバン宇宙論の誕生

相対論から宇宙論へ

一般相対論は本来、重力の理論として誕生したものであって、宇宙の誕生や歴史を明らかにしようという宇宙論の目的で作られたものではない。だがそれは、従来の絶対的な時間や空間といった概念の破壊的革命でもあった。時空のゆがみという、時間空間の構造につながる性質が、物質の存在によって決定されてしまう。

宇宙というものを、時空とその中に存在する物質と定義するのであれば、これはすなわち宇宙の進化そのものを決定する理論ということになる。したがって1915年に一般相対論が完成してから、これが宇宙論に応用されるまでにさほど時間はかからなかったとしても、驚くには値しない。1922年と1924年の2本の論文で、旧ソ連の物理学者アレクサンドル・フリードマンが一般相対論に基づいて宇宙のモデルを考察し、現在のビッグバン宇宙論でも標準的に用いられる膨張宇宙の方程式とその解を導いている。

ただし、なんの仮定もなくアインシュタイン方程式から宇宙の構造が決まったり、膨張する宇宙の解が出てくるわけではない。フリードマンのモデルには大きな前提があった。それは、宇宙は「一様等方」、すなわち宇宙のどの場所でも密度などの物理的性質は同じ（一様）であり、またどの方向を見ても宇宙は同じように広がっている（等方）というものである。宇宙には特別に重要な地点はなく、どの場所もみな民主的で平等である、と言いかえてもよい。

ここに本書のテーマである「宇宙の果て」との関連が出てくる。この一様等方宇宙の場合、宇宙は無限に広がっていることになると読者は想像されるかもしれない。もちろん、その可能性もある。特に、空間にゆがみがない場合は無限に広がることになる。一方で、一様等方ではあるが有限の体積に収まる宇宙モデルもまた可能である。

これもやはり次元を一つ下げて、2次元の球面の例えを用いるのがよい。球の表面という2次元世界における1点は、どこも同じ性質を持ち、一様等方な世界であるが、その面積は有限である。空間が曲がっていればこのようなものも実現可能になるのである。宇宙空間は3次元だが、次元を一つ増やして、4次元空間の中にある球面というものを数学的に考えることができる。それは3次元空間であり、これに時間を加えて4次元時空とすれば、有限の体積を持つ一様等方宇宙モデルの出来上がりである。

では実際の宇宙はどうなっているのか？　これはあとのお楽しみとして、まずはそもそも、この「一様等方」という仮定が正しいのかどうかについて述べておこう。

宇宙は「一様かつ等方」

宇宙が一様等方であるというのは確かにシンプルな仮定ではあるが、理論的な考察だけでこれを正当化することはできない。フリードマンの当時はあくまで仮定であった。しかし現在では、この仮定は極めて高い精度で成り立っていることが観測的に証明されている。

我々の太陽が含まれる銀河系は、およそ1000億もの星が重力で集まった、差し渡し約10万光年の天体である。宇宙にはこのような銀河がいたるところにあり、だいたい一辺1000万光年の立方体の中に銀河が一つ存在している。図3－1は、我々を中心として半径約30億光年以内に銀河がどのように存在しているかを明らかにした観測データである。

局所的には銀河が密集しているところや、銀河があまり存在しない場所など、密度にムラがある。宇宙の大規模構造と呼ばれるものである。だが、今重要なのはその点ではない。その細かいムラをならして広い視点で見れば、宇宙はどの方向を見ても同じように広がっていることがおわかりいただけるだろうか？

大きな望遠鏡で宇宙を眺めると、さらに遠方の銀河が見えてくる。現在の観測では、最も暗い銀河として26等級よりさらに暗いものまで検出されている。肉眼で見える最も暗い星が6等級で、5等級増えると100分の1の明るさになるというルールだから、26等級の銀河は6等級の星より1億分の1の明るさということになる。

遠方の銀河ほど暗くなり、また、森の中の木と同じで、遠方にあるものほど同じ視野内に見える数が多い。つまり暗い銀河ほど数が多い。26等級より暗い銀河は、夜空の1度×1度の領域の

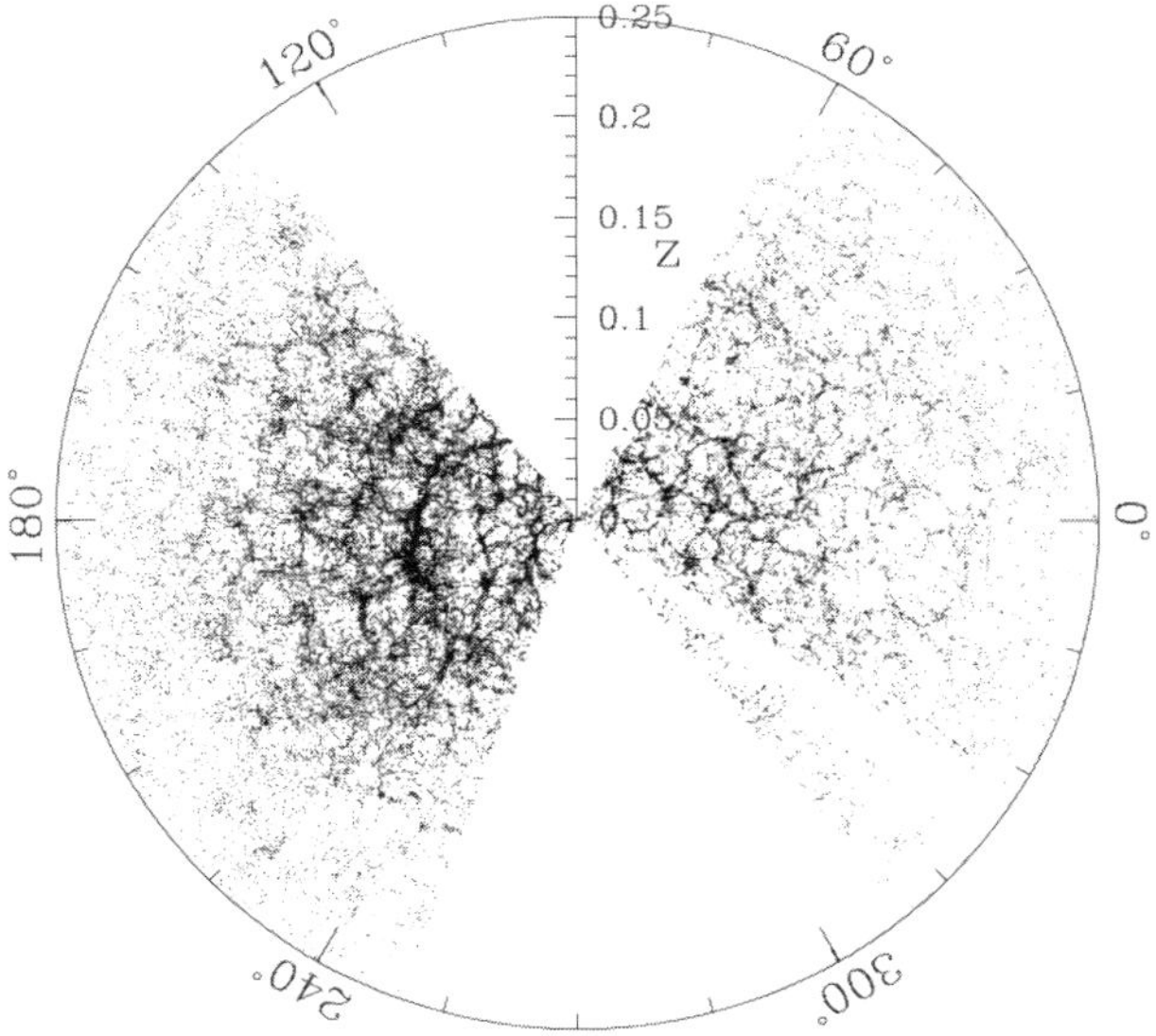

図3-1　SDSSが明らかにした宇宙の大規模構造
一つ一つの点が銀河で、我々を中心として半径約30億光年の領域が示されている。図の0°がうお座の方向にあたる。端の方で点の数が減っているのは、遠くの銀河ほど暗くなって検出されにくいため。点が全く存在しない方向があるのは、観測が行われていないためである。（出典：Blanton et al. 2003）

中に実に10万から100万個もある。カラー口絵の図3－2はハッブル宇宙望遠鏡が撮影した深宇宙の画像である。この画像は面積にして1度×1度の領域のわずか0・2パーセントという、空のごく狭い領域を撮影したものだが、空のどの方向を見てもやはり同じように遠方の銀河世界が広がっているのである。

さらに遠方、ビッグバンの名残として宇宙誕生後38万年の時代から我々に届いている宇宙マイクロ波背景放射も、どの方角からもほぼ同じ強度で観測されており、方角による強度の違いは10万分の1もないほどである。現代の我々は、「一様等方な宇宙」を安心して事実として受け入れてよい。

膨張宇宙論の誕生

フリードマンはおそらく、単純だからという理由で導入したであろう「一様等方」の仮定は、結果的には正しかったことになる。一様等方を認めれば、相対論のアインシュタイン方程式は単純化され、簡単に解を求めることができる。その結果は、物質で満ちた宇宙が静止することは不可能であり、必ず膨張もしくは収縮するというものだった。物質の間には万有引力が働くので、膨張に対して常にブレーキがかかるためである。

これを理解するには、地上に立つ人がボールを空に向かって投げ上げることを考えるとよい。

投げたボールは最初は上昇するが、やがて必ず落ちてくる。もちろん、下に投げれば最初から落下する。いずれにせよ、ボールには重力が働くため、手を離した上でさらにボールを止めておくことはできない。物質で満ちた宇宙が膨張も収縮もせずに安定して存在し続けることが不可能というのは、本質的にはこれと同じである。

つまり膨張あるいは収縮するダイナミックな宇宙というのは、一般相対論から導かれる自然な帰結である。だが人間の偏見というものは、そんな自然な帰結を素直に受け入れる上で時に大きな障害となる。当時の多くの人間にとって、時間とともに大きさが変わる宇宙など、受け入れられる概念ではなかったのだ。そもそもなぜ、宇宙膨張の解を見出したのは相対論を作り上げたアインシュタイン自身ではなく、フリードマンだったのだろうか？ 別にアインシュタインが相対論を宇宙全体に適用することを考えなかったわけではない。これには以下のような経緯がある。

当時の天文観測の対象は銀河系内の星であり、その星々の運動を見る限り、膨張や収縮などの兆候は見られなかった。だが、相対論が正しいとすればそれはありえない。そこでアインシュタインは、一般相対論の誕生からわずか2年後、フリードマンの膨張宇宙モデルに先立つ1917年、自ら作り上げた美しいアインシュタイン方程式に「宇宙定数」と呼ばれる新たな項を追加することを提唱する。その動機はまさに、静止した永遠不変な宇宙が方程式の解として許されるようにするためであった。

この動機の背景にあったのは、「宇宙は静止しているべきだ」というアインシュタインの個人的信念であったと語られることが多い。だが原著論文を見る限りでは、信念というよりは淡々と銀河系内の星の運動について述べている印象である。もちろん、根拠のない信念を科学論文に堂々と書くわけにもいかないので、やはりそうした信念を持っていた可能性も否定はできない。

アインシュタインが量子力学の概念を受け入れることに激しく抵抗したことは広く知られている。このことから推測しても、やはり彼は信念の人であったのだろうと思われる。強すぎる信念はしばしば人を迷わせる厄介なものだ。一方で、相対性理論のような独創的な発明を可能にしたのも、やはり強固な信念であったように思われる。

科学論文が論文誌に掲載される際は、編集者は他の研究者に査読を依頼し、その評価をもとに掲載の可否を判断するのが一般的である。1924年、フリードマンによる膨張宇宙解の論文が出版された際、査読を務めたのは実はアインシュタインであったらしい。彼はフリードマンの結果の数学的な正しさを認めながら、現実の宇宙を説明する上での物理学的な重要性は認めなかった。論文は大きな注目を集めることなく、わずか1年後の1925年にフリードマンは37歳の若さで世を去っている。新婚旅行の帰りに腸チフスにかかったとも、風邪をひいたのが元で肺炎により死亡したとも言われている。

観測による宇宙膨張の発見

しかしそれからほどなく、天文観測の進展で状況は完全にひっくり返ることになる。考えてみれば、理論的考察から膨張宇宙という概念が登場したのとほぼ同じ時代に、天文観測がちょうど我々の住む銀河系から遠方の多数の銀河へと飛躍しつつあったというのは、実に驚くべき偶然と言うべきであろう。

当時の天文観測の現状は、米国における天文学者ハーロー・シャプレーとヒーバー・カーティスによる1920年の有名な大論争（The Great Debate）に象徴される。これは、ぼうっと広がって光って見える暗い星雲が、我々の住む銀河系内に所属する星の集団なのか、それとも銀河系と同じ程度の大きさで、もっと遠方にある独立した銀河なのか、という論争であった。

この論争の決着にさほど長い時間はかかっていない。1924年に米国の天文学者エドウィン・ハッブルは、当時世界最大であった口径2・5メートルの望遠鏡を使った観測により、多くの星雲は銀河系と同じような銀河であることを明らかにしている。

ここまでくれば、人類が宇宙の膨張に気づくのはもう時間の問題であったと言える。だが惜しむべきことに、フリードマンはほんの数年の差で、世界がその真実に気づく瞬間を目にすることはできなかった。

やはりハッブルによって、決定的な形で宇宙の膨張が報告されたのは1929年である。遠方の銀河は、遠くのものほど光の波長が伸びて観測されることが判明したのだ。光の波長は我々が感じる色に対応しており、波長が伸びるということは赤く見えるということである。これはドップラー効果というもので、銀河が我々から遠ざかっているために波長が伸びて見える。我々が耳にする音も波であり、音程が波長に対応している。救急車とすれ違う際にサイレンの音程が変わるのも同じ現象である。

宇宙全体が一様に広がっているのであれば、遠くの銀河ほど、距離に比例して我々から遠ざかる速度（後退速度という）が大きくなる。これがハッブルの法則で、その比例定数をハッブル定数と呼ぶ。定数というのは、現在の宇宙における銀河の後退速度と距離の間の比例定数であるからだ。しかし、このハッブル定数の値は宇宙の進化とともに変化するので、その意味では「定数」ではない。より一般には、ハッブルパラメータと呼ばれる。ハッブルが測定した当時の観測精度はあまり良いものではなかったが、現在の高精度観測によれば、その値はだいたい100万光年かなたの銀河が秒速20キロメートルで我々から遠ざかる程度である。

ここで科学史上の興味深い余談がある。ハッブルによる宇宙膨張の発見に先立つこと2年、ベルギー出身でカトリック司祭でもあったジョルジュ・ルメートルという学者が、フリードマンとは独立に宇宙膨張の解を導いただけでなく、当時の観測データから宇宙の膨張まで指摘していた。にもかかわらず、無名の仏語論文誌に発表したため注目されず、宇宙膨張発見の栄誉はハッブルのものになったという。ルメートルは謙虚な人であったというが、司祭様の立場で「この発見は俺が最初だ！」と声高に主張するのも難しかったのかもしれない。

宇宙の一様な膨張？

「一様な宇宙の膨張」についてもう少し詳しい説明が必要かもしれない。よく例えとして用いられるのは、風船である。膨らんだ風船の表面を一様等方な2次元世界と考えよう。その上にサインペンで多数の点を打つ。さらに風船を膨らませると、ある2点の間の距離は広がり、その広がる速度は距離に比例する。風船上のどの点から見ても、他の点は観測点からの距離に比例した速度で遠ざかるように見える。

するとこういう疑問が出てくる。銀河が遠ざかる速度がそこまでの距離に比例するなら、遠方の銀河ほど遠ざかる速度はどんどん大きくなり、やがて光速を超えてしまうのではないか。しかし現在の物理学では、光より速く移動するものはないという。これは矛盾ではないのか。

実はこれは全く矛盾していない。「光より速く移動する物体はない」という時の速度とは、その物体が移動しているその場その場で、周囲のものに対して相対的に運動する速度である。遠く離れた2地点が宇宙の膨張のために遠ざかる速度は、光速を超えても一向に構わないのである。

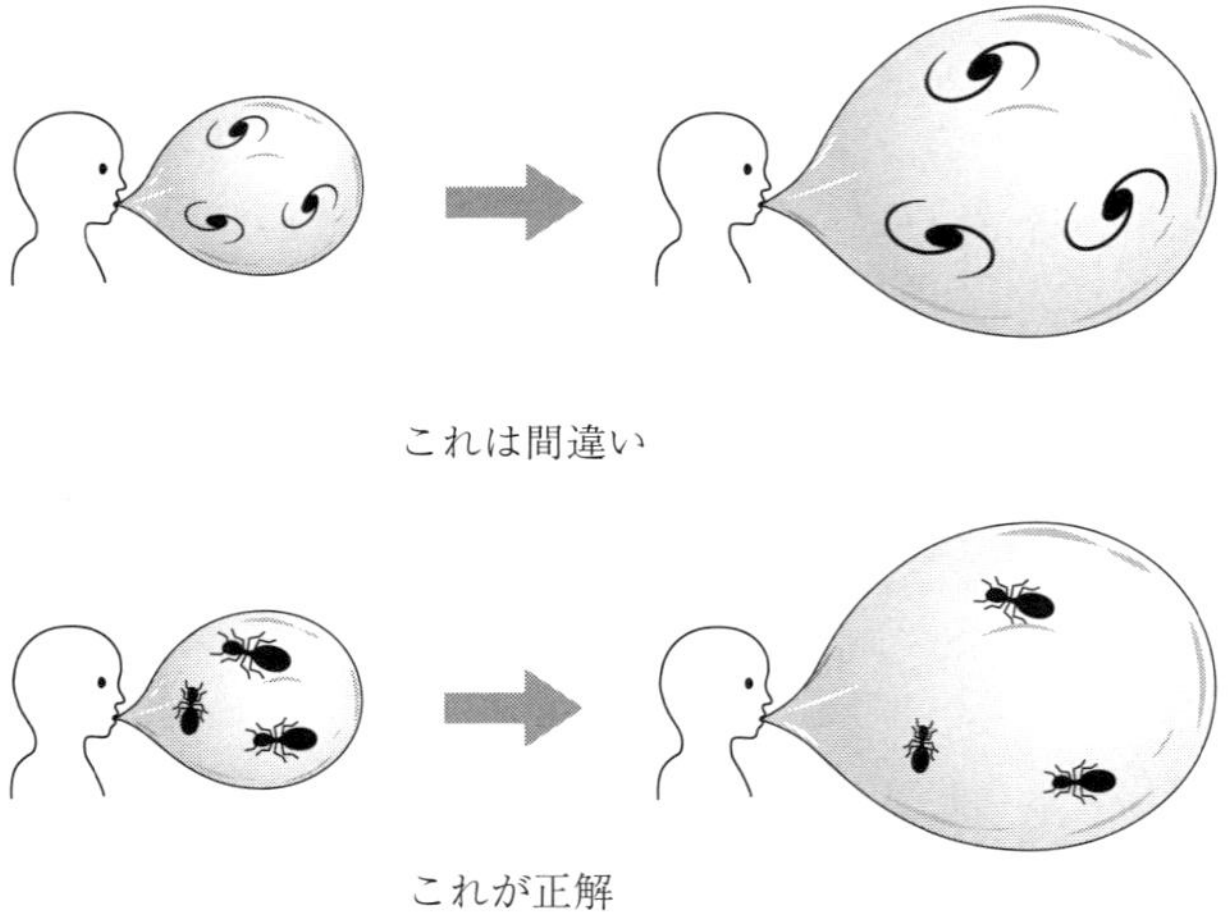

図3-3　宇宙膨張の説明でよくある間違い

宇宙が一様に膨張しているなら、同じペースで時間を逆に巻き戻すと、ある有限の時間だけさかのぼったところですべての地点が一点に集中してしまうことになる。この時間、つまり１００万光年を秒速20キロメートルで割って出てくる１４０億年が、宇宙の年齢のおおよその指標ということになる。ハッブルの法則から直ちに、現在の宇宙の年齢も推定できるわけだ。

ここで一つ、よく誤解されていることについて触れておこう。宇宙が「一様に」膨張すると、我々の住んでいる銀河系や、太陽や、地球さらには我々の体まで膨張している、と考えてしまう人がいるが、実はこれは間違いである。鋭い人なら、こう考えるだろう。「我々の体も、使っている物差しもすべて膨張したら、宇宙が膨張していることは感じないのでは？」

そうなのだ。実は、我々の体は膨張していない。太陽系はおろか、銀河系も膨張していない。銀河系はすでに、宇宙の膨張から切り離されて、自分自身の重力で星をつなぎ止めている。銀河より小さなスケールでは、宇宙の膨張の影響はないのだ。我々の体も、物差しも、それを構成している原子や分子の電気的な結合によってその大きさが決まっている。

しかしこの誤解は結構広まっていて、例えば博物館のパネルに掲載されている説明図でも、風船に描かれた銀河が風船と一緒に大きくなっているものを見たことがある。ここまでの説明でわかる通り、これは明らかな間違いである。より正確に例えるならば、銀河とは風船の上に乗った蟻だと思えばよい。風船の上に蟻が何匹も乗っていると、蟻と蟻の間の距離は広がるが、蟻自体の大きさは変化しないのである（図3－3）。

生涯最大の失敗

宇宙膨張の発見を受けてアインシュタインは宇宙定数を撤回した。アインシュタインがこのことを「生涯最大の失敗」と述べたというのは有名である。ただしこのことは後に登場するガモフの自叙伝に出てくるもので、アインシュタイン自身が本当にそう言ったという証拠はないらしい。

2015年、私は一般相対論誕生からちょうど100年を記念するローマでの国際会議に出席して講演した。その際、一つハプニングがあった。日程を勘違いするという初歩的なミスで、日本からローマに飛行機で着いたその足で会場に向かって講演するという羽目になったのである。フラフラで演台に立ち、「日程を勘違いしたのは私の生涯最大の失敗」と述べたが、私のジョークとしては珍しくウケたものの一つである。

だが面白いことに、この宇宙定数は現代にまた亡霊のように蘇ってくることになる。これについては第9章で暗黒エネルギーとして触れる予定である。いずれにせよ、一般相対論という理論的枠組みと、宇宙膨張の観測的事実によって、膨張宇宙論は疑う余地なく確立した。考えてみれば実に驚くべきことであるが、庭のリンゴが木から落ちるのも、太陽の周りを地球が回るのも、宇宙が膨張するのも、すべてたった一つの美しいアインシュタイン方程式で記述できるのである。

ビッグバン宇宙論への発展

現在の宇宙が膨張しているということは動かしがたい事実となった。しかしこれだけでは、ビッグバン宇宙論が主張する「宇宙は有限の過去のある時点で突然、超高温・高密度の爆発で始まった」ということにはならない。

現在の宇宙膨張のペースを変えずに時計の針を巻き戻せば、約140億年で全宇宙は一点に縮まってしまう。実際には宇宙の膨張の仕方は時間とともに変化し、それは宇宙に存在する物質がどういうものかによって決まる。だが、宇宙を満たしているのが我々の知る通常の物質だけならば、やはり過去にさかのぼると、どこかの時点で宇宙は一点に縮んでしまうという結論は変わらない。

したがって宇宙は無限の過去にさかのぼることはできず、過去のある時点で始まった、つまり過去に向かう方向の「宇宙の果て」が存在するということは、素直に考えればこの時点で得られたはずの結論であった。だが人間の思考というものは、既存の概念や偏見に左右され、往々にして回り道をする。歴史的には、「宇宙は膨張するけれども永遠不変である」とする定常宇宙論なるものが1940年代に登場し、一時はビッグバン宇宙論より優勢ですらあった。アインシュタインが宇宙定数で失敗したのと同じようなことが、また繰り返されたのである。

結局のところ、この当時は「宇宙というものは永遠不変であるべき」という考え方が支配的で、「宇宙が過去のある時点で誕生して常に進化し続ける」などという概念を受け入れる素地がなかったのであろう。今から考えればこれは明らかな間違いだし、そのように考える論理的根拠もないのだが、どうしてそんなことになったのか。

当時の人間と話をすることができない以上、ある程度推測にならざるをえないが、おそらくは偉大な成功をおさめたニュートン力学に基づく物理的世界観の影響が強かったのではないだろうか。相対論が登場する以前、この理論はリンゴが木から落ちるという現象と惑星の運動を同じ物理法則で説明することに成功し、近代科学の礎となった。

ここで仮定されている時間と空間は互いに独立で、空間は無限の過去から無限の未来まで絶対不変なものであった。この世界の物質の「入れ物」がそうなのだから、その中にある物質も含めて、宇宙は永遠不変と考えるのが自然だったのであろう。そもそも、宇宙の誕生や進化を科学の俎上にのせるということ自体、思いもよらないことであったかもしれない。

その点、多くの地域や民族に伝承されている天地創造神話において、この世界は過去のある時点で創生された、すなわち宇宙は過去に向かって有限であるとしていることは興味深いことである。その意味では、これらの神話はニュートン力学に影響された20世紀前半の物理学者たちよりも正確な宇宙観をとらえていたと言える。ニュートン力学はもちろん偉大な科学的進歩であるが、その進歩ゆえにかえって間違ったり後退したりすることもあるということだろうか。

しかし、神話や伝承に見られる人類の豊かな想像力をもってしても、今の宇宙が膨張を続けているという想像はできなかった。相対性理論の誕生は、この一時後退した宇宙観を再び「宇宙は過去のある時点で突然始まった」というものに戻すだけでなく、さらに「宇宙は膨張する」という前代未聞の宇宙観を人類に突きつけた。すぐには受け入れられなかったのも無理はないのかもしれない。

膨張するけど定常宇宙論!?

宇宙が今現在、膨張しており、かつ相対論が正しいとすれば、宇宙に始まりがあったと結論せざるをえない。それでも、宇宙に始まりなどはなく、永遠不変であるべきだ——この、科学的思考というよりは人間臭い願望を満たすため、今から見ると珍妙としか言いようがない宇宙論が提案された。しかもそれは、当時世界的な権威であったイギリスの宇宙物理学者フレッド・ホイルが提唱したものであった。そもそも「ビッグバン」という言葉は、ホイルがライバル説であるビッグバン宇宙論を揶揄して名付けたものとされている。

この宇宙モデル、いわゆる定常宇宙論では、宇宙は無限の過去から無限の未来まで、常に膨張を続ける。いわば、時間軸方向に「宇宙の果て」などないのである。理系の高校生なら、指数関数というものを学んだことがあるだろう。このモデルでは宇宙の大きさが時間に対して指数関数になっている。つまり、一定の時間が経つと宇宙の大きさが2倍になり、また同じ時間が経つとやはり2倍になる、というういわゆる倍々ゲームのような宇宙膨張である。

このモデルでは宇宙膨張のペース、つまりハッブルの法則から求められるハッブルパラメータが常に一定であるという性質がある。膨張しているとはいえ、膨張の仕方は永遠不変にできるというわけだ。ただし相対論に基づいて宇宙を指数関数的に膨張させるためには、宇宙が普通の物質ではなく、とても奇妙な物質（というかエネルギー）で満たされていないといけない。これは実は、アインシュタインが導入した宇宙定数や、のちに出てくるインフレーションや暗黒エネルギーにも関連する話で、これ自体は決して不可能というわけではない。

ただし、誰でもすぐに気づく問題点がある。宇宙が膨張すれば、それだけ中に存在する物質の密度は薄まるはずである。物質の密度が時間とともに薄まるのでは、とても永遠不変な宇宙とは言えない。そこでこのモデルでは、宇宙にはなにか物質を生み出す未知のメカニズムがあり、宇宙が膨張して物質密度が薄まるのをちょうど補うように新しい物質が供給され、その結果、宇宙は永遠不変の姿を保つとされる。考え方としては、アインシュタインが静止宇宙を実現するために宇宙定数を導入したこととやや通じるものがあるのかもしれない。しかし、そのように都合良く物質を新たに生み出す物理的なメカニズムは何一つ知られていない。この苦しい点が、やがてビッグバン宇宙論に敗れ去る一つの理由となった。

宇宙の始まりは熱かった？

定常宇宙論はさておき、素直に考えて、宇宙には通常の物質が満たされ、相対論が正しいとすれば、宇宙は過去のある時点で突然始まったという結論になる。だがそれだけではまだ、「宇宙が超高温の火の玉のような爆発で始まった」ということにはならない。この考えは全く別の動機から、物理学者ジョージ・ガモフのグループで１９４０年代に研究され始めたものである。

その動機とは、宇宙に存在する様々な種類の元素の起源を、当時発展しつつあった原子核物理学を用いて説明しようというものであった。少し復習すると、我々の知るすべての物質はまず原子に還元される。原子はプラスの電気を持つ原子核と、マイナスの電気を持つ電子で構成される。原子核はプラス１の電荷を持つ陽子と、電荷を持たない中性子の結合体で、多くの原子核では陽子と中性子の数はだいたい同じである。

分子は、これら原子核と電子が電気的な力で様々な形に結合したものである。我々の身の回りで普段起きている化学反応はすべて、この電気的な結合が組み替わるものである。地球の重力を除けば、我々の身の回りの現象はほとんどすべてが、電気的な力によるものだと言っていい。すべての生命現象もまた、突き詰めれば電気の力で駆動されていることになる。ただ一つの例外、原子核反応をエネルギーとする生命体――ゴジラを除いて。

したがって原子核の化学的性質はその電荷数で決まり、中性子の数によらず、同じ陽子数を持つ原子核は一つのグループにまとめられる。これが元素である。化学反応では原子核自体は変化しないから、元素も作られたり消えたりすることはない。元素を特徴付ける原子核の電荷（＝陽子の数）を原子番号と呼び、最も軽い原子番号１番の元素である水素から始まって、様々な元素を順番にまとめたのが、高校の化学で習う元素の周期表である。

さて、この宇宙には100を超える種類の様々な元素が存在しているが、最も基本的で重要な事実は、一番軽くて単純な元素である水素が主成分であるということだ。重量比でおよそ71パーセントが水素、27パーセントが次に軽い原子番号2のヘリウムである。地球の岩石や我々の体を作る上で重要な元素である酸素（原子番号8）や鉄（原子番号26）といった重い元素はすべて足してもわずか2パーセント程度に過ぎない。

この事実は地球に住む我々の感覚と若干合わないように思えるが、これは地球が岩石という重元素の固まりとして生まれたからである。太陽が誕生した頃、太陽とそれをとりまくガス円盤の主成分はやはり水素であったが、その中には炭素やケイ素、鉄などの重元素が合体してできた塵があった。原子や分子が合体して塵になる際、その化学的性質から重元素が多く取り込まれるのである。これがやがて岩石、そして地球となっていったのだ。そのため、地球圏における物質組成は宇宙全体の平均からは大きくずれている。

ではなぜ、宇宙では最も単純で軽い水素が多くを占めているのだろうか？　これに解答を与えてくれるのが、宇宙が熱い火の玉の爆発で始まったとするビッグバン宇宙論なのである。一般に物質は、温度を上げていくとそれを構成している粒子がバラバラになっていく。温度の本質は、物質を構成する粒子の平均的な運動エネルギーと考えてよい。原子核では陽子と中性子が原子核力で結合されているが、これらの粒子の運動エネルギーが結合を断ち切るほど大きくなると、原子核はバラバラになってしまう。

したがって、誕生直後の宇宙が大変な高温で多くの原子核はバラバラ、つまりただの陽子と中性子であったものが、そのまま現在の物質の主成分になったと考えれば、宇宙の主成分が水素であるのは当然ということになる。ちなみに、単独の中性子は15分ほどでベータ崩壊という現象により陽子に変化するため、現在まで生き残ることはない。

ではなぜ、宇宙初期は温度が高かったか。実はこれは特に不自然なことではなく、物質一般の基本的な性質と、宇宙が膨張している事実から自然に推測できることである。物質は圧縮すれば温度が上がり、逆に膨張すれば温度が下がる。これは、物質には圧力があり、膨張する際に圧力が外に向かって仕事をする、つまりエネルギーを消費するためである。

身近な例では雲の形成も同じ理屈である。上昇気流があると、上空では周囲の気圧が低いので、上昇した空気のかたまりは膨張する。そこで温度が下がり露点以下になれば、水蒸気が凝結して雲となるわけだ。宇宙を満たす物質も同じで、宇宙の膨張とともに温度は低下してきたはずである。残る問題は、今の宇宙の温度がどれぐらいで、宇宙誕生時はどれほど高温だったのか、ということになる。

宇宙マイクロ波背景放射とビッグバン宇宙論の確立

宇宙初期がどれぐらい高温であれば、現在の宇宙が水素で占められていることを説明できるのだろうか。相対論に基づく宇宙膨張と、その中で進行する原子核反応を物理学理論に基づいて計算することで、現在の宇宙にあるべき水素やヘリウム、さらにリチウム（原子番号3番）などの軽い元素の存在量を予想できる。これと実際の観測値から、水素やヘリウムが誕生した時代の温度と密度がわかり、さらには現在の宇宙でそれらがどこまで下がっているかまで、計算で求めることができる。

温度を持つすべての物体は、その温度に対応した波長の電磁波を放つ。これを黒体放射と呼んでいる。太陽は表面が約6000度であり、その黒体放射の波長がちょうど可視光線（波長5000オングストローム程度、1オングストロームは1メートルの100億分の1）に近いので、我々は太陽光を目で感じることができる。我々にとっての常温、つまり絶対温度で300度ぐらいなら波長は10マイクロメートル程度の赤外線になる。そのため夜間でも、赤外線スコープをつければ我々の体が光って見える。

宇宙がかつて高温だったなら、それに対応する黒体放射、つまり宇宙を満たす光（正確には電磁波）が存在したことになる。旧約聖書の創世記における世界創造神話では、神が「光あれ」と言ったことになっているが、なにやらビッグバンを彷彿とさせるようである。その光は元素が誕生した頃は100億度という超高温だったが、その後、温度が低下して、現在の宇宙にその痕跡を残しているはずだ。ガモフらの理論研究の結果、それは絶対温度で数度にまで低下していることが予想された。この場合の黒体放射の波長は1ミリメートル程度で、電波領域になる。

これで、宇宙の元素の主成分が水素とヘリウムであることは一通り説明できた。だが、ガモフらの目標はさらに野心的で勇敢なものであった。軽い元素だけでなく、酸素や鉄など、この宇宙におけるすべての元素の存在量を、同じく宇宙初期の原子核反応で説明してしまおうというものだった。しかしこれは野心的すぎるものであった。どう計算しても、宇宙初期に起こる核反応で生成できるのはリチウム程度の軽い元素のみで、酸素や鉄などは到底作ることができなかったのである。現在では、これらの重元素はずっと後の時代に恒星の内部で作られると理解されている。

こうした問題もあり、ガモフらの理論は当時の学界では異端視された。その結果、定常宇宙論の方が優勢になったりしたのである。あまり壮大な目標を立てすぎて失敗すると、ある程度成功した部分があるにもかかわらず全く評価されない、といったことは我々も時に経験することである。

だが時とともに、宇宙がかつて高温だった証拠が徐々にあがってきて、ビッグバン宇宙論への支持が逆転することになる。その決定的なものが、1965年、米国ベル電話研究所のアーノ・ペンジアスとロバート・ウィルソンによる宇宙マイクロ波背景放射（以下では単に背景放射）の発見であった。実は彼らは背景放射を探すことなど全く想定しておらず、アンテナの雑音を減らすための工学実験の際に偶然見つかったものである。

発見された背景放射の温度は絶対温度で2・7度、まさにビッグバンの予言通りであった。さらに、ビッグバン宇宙論が正しいなら一様等方性を反映して、どの方向からも同じ強度でやってくるはずである。現在ではこれも極めて高い精度で確かめられている。一方、対抗馬である定常宇宙論では、そもそもこのような放射が存在することすら、必然的に説明することができない。

ある理論が正しいと認められる上で、この「予言が的中する」というプロセスは決定的に重要なものである。筆者も主に理論的な研究を行っているので実感としてわかるが、存在するすべての観測データを説明できるような理論モデルなど、なんとか理屈をこねて作れてしまうものだ。したがって、既存のデータをうまく説明できたからといって、その理論がすぐに受け入れられるわけではない。大切なのは、その理論が予想することをあらかじめ予言しておき、将来の観測や実験の検証に委ねることなのだ。それが的中することはそう簡単に起こるものではない。

だからこそ背景放射の発見は、ビッグバン宇宙論が標準宇宙論となる上で決定的な役割を果たしたのである。ビッグバン宇宙論の三つの観測的証拠として、①宇宙膨張、②ビッグバン元素合成による軽元素の起源説明、③宇宙マイクロ波背景放射、が挙げられる所以である。

ビッグバン宇宙論は完璧なのか？

このようにして、ビッグバン宇宙論は自然科学に基づいた唯一の宇宙論としての地位を確立した。しかし本当に、それ以外の宇宙モデルや宇宙論はありえない、と言い切れるのだろうか？それに対する回答は、「よく実験で裏打ちされた基礎物理学理論に基づいて、宇宙の膨張、軽元素の存在量、さらに背景放射を説明できる宇宙モデルは、ビッグバン以外では皆無です」ということになるだろうか。

例えばもし、あなたが宇宙の膨張を否定したいのであれば、まずハッブルの法則を宇宙膨張以外の現象で説明しなければならない。しかし、他でよく確立している物理法則を用いて納得のいく説明に成功した例は一つとしてない。一方で、太陽系の惑星の運動などで精密に検証されている一般相対論によれば、宇宙の膨張は自然に導かれる。

定常宇宙論のように、宇宙の膨張は認めつつも、「宇宙が熱い爆発として始まった」とするビッグバン理論に対抗するモデルはあった。1990年代後半、私は東京大学で宇宙物理学を研究する大学院生であった。その頃、インドの宇宙論研究者でナーリカーという人が研究室を訪れたことがあった。この人は実はあのホイルの弟子で、定常宇宙論をまだ続けていたのであった。おそらくこの頃が、定常宇宙論をまだ諦めていない研究者もわずかに存在した最後の時代であっただろう。ラストサムライならぬ、ラスト定常宇宙論者である。

余談ながら、このナーリカーという人は周囲の研究者から「ジャイアント」と呼ばれていたのが、学生の私には不思議であった。それなりに有名な先生なのかもしれないが、「ジャイアント」とまで呼ぶかな？ などと思っていたのであるが、実は彼のファーストネームがJayantであることに気づいて、一人ひそかに赤面したのははるか後年のことであった。

21世紀に入り、人工衛星による背景放射の観測データがビッグバン宇宙論の予言と恐ろしいほどの精度で一致していることが判明し、また、ハッブル宇宙望遠鏡やすばる望遠鏡などが「昔の若い銀河は現在の銀河と全く異なっている」ことを直接見せてくれるようになり、定常宇宙論は完全に過去のものとなった。今や、ビッグバン宇宙論を支持するデータはすでに挙げた三つの基本的な証拠だけではなくなり、膨大な観測データと比較してより厳密な検証を行う時代に入っている。

ここで、こういう疑問を抱く読者があるかもしれない。「ビッグバン宇宙論が成功しているという一方で、暗黒物質や暗黒エネルギーなど、説明がつかない問題がまだあるというではないか。これはそもそもビッグバン宇宙論になにか根源的な問題があるのではないか？」大変良い問いかけであると思う。確かにこれらは第9章で触れるように、宇宙論に残された大問題である。

しかし強調したいのは、これらの問題はビッグバン宇宙論が確立し、宇宙の観測データがますます精密になるにつれて現れてきた問題であるということだ。暗黒物質が未知の素粒子であることが明らかになれば、それは素粒子物理学に革命をもたらすかもしれない。暗黒エネルギーの正体を明らかにすることは、もしかしたら相対性理論や量子力学を超える新しい物理学の発展につながるかもしれない。それでも、ビッグバン宇宙論の基本的な枠組みが覆るとは思えない。より基礎的な観測事実である、宇宙膨張、軽元素合成、背景放射などを実に自然に説明できたことが、単なる偶然とは到底考えられないからである。

未解決問題があるからといって、ビッグバン宇宙論が根本的に間違っているということにはならない。例えば、相対性理論はニュートン力学で説明できなかった問題を解決できる。現在の理解では、ニュートン力学はある条件下で成り立つ近似的なものに過ぎない。しかし、だからといってニュートン力学が間違っていたと言う人はいない。ニュートン力学があって初めて相対論も誕生しえたのだし、依然として我々の身の回りの現象を説明する上ではニュートン力学で十分なのだ。

相対性理論もビッグバン宇宙論も、日常生活における常識からかけ離れた概念が数多く登場する。そのため一般社会の関心も高く、インターネットには「相対性理論は間違っている」「ビッグバン宇宙論は間違いだ」などと主張するウェブサイトも散見される。

そうしたウェブサイトには、「相対論やビッグバンを支持する専門家は権威に弱く、昔の偉い研究者が述べた説を無批判に受け入れているのだ」という主張もある。だがそれは真実ではない。相対論もビッグバンも当初は異端の仮説と受け取られ、長い年月をかけて、実験と観測による客観的な検証を勝ち抜いて標準学説の地位を獲得してきたのだ。そして専門家は、これら標準学説を無批判に受け入れるどころか、むしろその綻びを常に探し求めている。それがないと研究テーマがなくなって困ってしまうからだ。その綻びを手がかりとして、さらに高いレベルで宇宙を理解するために、今日も世界中の研究者が日夜格闘しているであろう。

第4章

宇宙はどうしてビッグバンで始まったのか？

時空の果てに迫る

ビッグバンの前にどこまで迫れるか

「想像力は知識より大切である。知識には限界がある。想像は、世界を包み込む」

アインシュタインの有名な言葉である。前章で述べたビッグバン宇宙論の基本的な枠組みは、強固な理論的基盤と数多くの観測・実験的検証によって確立され、すでに「知識」と言ってよいレベルのものである。だが、それゆえに「限界」もある。自然科学が実験による客観的な検証をその礎としている以上、必ずその知識や理解には限界がある。「宇宙の果て」を考えていくと、結局はこの「我々の知識の果て」に突き当たることになる。

それゆえ、皆さんが一番興味を持つところであろう、時間や空間方向に広がる「宇宙の果て」、いわば時空の果てについて、現時点の自然科学の知識をもとに明確な回答をすることはできない。しかしアインシュタインの言うように、想像をすることはできる。本書はあくまで自然科学の立場であるから、根拠のない想像をすることはできない。だが、これまでの自然科学の知識に基づいて、それなりに根拠のある形で宇宙の果てについて想像することはできる。想像であるがゆえに、それが正しいと現時点で断定することは不可能だが、それが真実の世界を包み込んでいることを期待しつつ、可能なかぎり「宇宙の果て」について思いを巡らせてみたい。まずは、過去に向かう「宇宙の果て」、つまり宇宙の始まりについてどこまでさかのぼれるかを考え

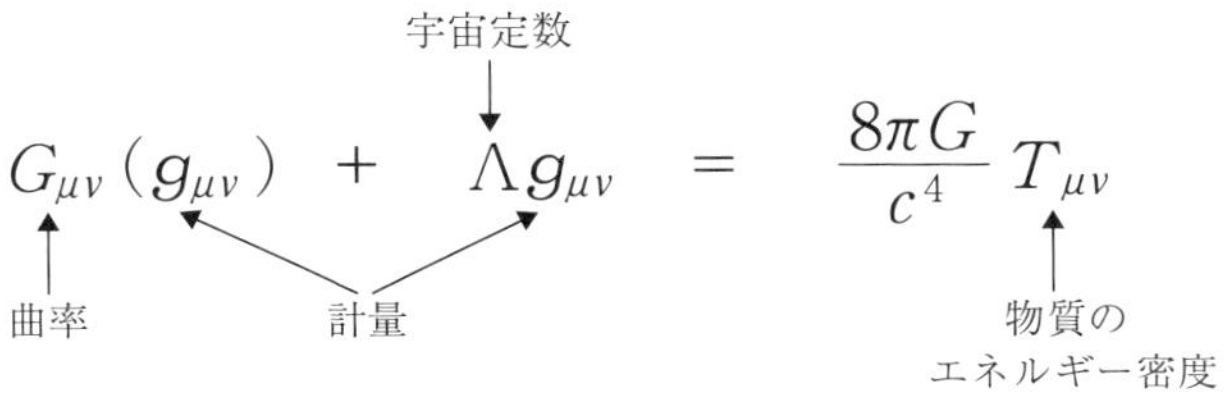

図4-1　アインシュタイン方程式
時空の構造を決める計量$g_{\mu\nu}$を、与えられた物質のエネルギー分布に対して解く方程式になっている。左辺の時空の曲率$G_{\mu\nu}$は計量$g_{\mu\nu}$の関数になっている。右辺のGは重力定数、cは光速。

てみよう。

宇宙が膨張するという時間進化は、アインシュタイン方程式によって記述される。したがって宇宙の始まりに迫るためにまず行うべきは、この方程式の解が過去にさかのぼっていくとどうなるかを調べることである。一様等方宇宙モデルの膨張解を過去にさかのぼると、ある時刻で宇宙の大きさはゼロという解になっている。大きさがゼロということは、宇宙のすべての物質が一点に集中してしまうということだから、物質の密度は無限大になってしまう。

アインシュタイン方程式は、時空のゆがみを表す「曲率」と、物質のエネルギー密度が等しいとするものである（図4－1）。一様等方宇宙モデルの場合は、時空の曲率は宇宙の膨張率（ハッブルパラメータ）になる。過去のある時点で物質の密度が無限大になるということは、宇宙膨張率も無限大になってしまうということだ。「無限大＝無限大」では数学的に意味をなさない。つまり、宇宙誕生の時刻ではアインシュタイン方程式自体が無意味なものになってしまう。これは、相対性理論の枠組みでは宇宙誕生の瞬間に迫ることはできないことを示している。

相対論という実験でよく裏打ちされた理論を用いてビッグバン宇宙を記述することができるのは、ある時刻にすでに「一様等方かつ高温・高密度の宇宙」が存在していたとして、それ以後の時間進化をアインシュタイン方程式で解く、ということだけなのである。この最初に想定する状態を物理学では「初期条件」という。つまりこれが「ビッグバンの初期条件」である。これは必ずしも宇宙がその時刻で突然そのように生まれた、という意味ではない。そのような初期条件がどのように準備されたかについてはなにも答えていないのである。

ビッグバンの初期条件に関する問題

詳しいことはよくわからないが、とにかく高温・高密度の物質で満ちた宇宙が過去のある時点で誕生したと考えよう。それを認めれば、これまで考えてきた一様等方なビッグバン宇宙モデルの初期条件に素直につながるのだろうか？　実はそう簡単ではないのだ。二つの問題があり、それぞれ「一様性問題」と「平坦性問題」と呼ばれる。順に説明していこう。

すでに述べた通り、現在我々が住む宇宙が、極めて高い精度で一様等方であることは疑いのない事実である。そしてビッグバン宇宙モデルは、それが宇宙誕生時から成り立っていたというのが大前提である。だが宇宙が誕生した時に、そのように綺麗で単純な宇宙が生まれるという必然性が実はないのである。

これについて考えてみるには、第1章で説明した「地平線」という概念を用いるとわかりやすい。宇宙論における地平線とは、宇宙誕生からその時点までに光速で移動できる距離のことであった。光より速く移動できるものはないというのが現在の物理学の理解だから、これは宇宙が誕生してから情報をやり取りすることができる限界距離とも言える。

さて、この「地平線」が定義する「情報をやり取りできる領域」は、宇宙の進化とともにどう変化するだろうか？ より具体的な問いに直せば、例えば、我々が観測している銀河とは、これからも永遠に情報を交わせるだろうか？ あるいは、現在の宇宙の地平線の向こうにあり、見えないが存在しているはずの銀河を、いずれ我々が見ることができる時がくるのだろうか？

この問いに対する答えは、宇宙の膨張の仕方によって異なる。地平線のずっと向こうにある銀河は、光速より速い後退速度で我々から遠ざかっている。そのような銀河からの光は永遠に我々には届かないように思われる。確かに、ある銀河の後退速度がずっと変わらないような形で宇宙が膨張していれば、現在の地平線の向こうにある銀河は、我々には永遠に見ることができない。

だが、後退速度は一定とは限らない。実は、宇宙を満たすのが通常の物質と光（電磁波）だけであるとすれば、ある銀河の後退速度は時とともに減速することが示される。宇宙の歴史の大半において、宇宙の膨張はそのように減速してきたと考えられている。この場合、ある時点で地平線の向こうにあった銀河も、やがて減速して我々に見えるようになる。我々が見ることができる宇宙の領域は、時とともに広がってきたのである。

ただし例外がある。宇宙を満たす物質の性質は時とともに変わり得る。宇宙における特殊なある時期に、宇宙が逆に加速膨張をすることも考えられる。その場合は、今見えている銀河がやがて地平線の向こうに去ってしまうということが起きる。その一例が今から説明する、宇宙の超初期に起きたと言われるインフレーションであり、もう一つの例が第9章で説明する、現在の宇宙で膨張を減速から加速に転じさせているという謎の暗黒エネルギーである。

それはひとまず置いて、今は通常の物質に満たされていて、減速膨張する宇宙を考えよう。現在から昔へさかのぼってみると、その時その時で見通すことができる宇宙の領域はどんどん狭くなっていくことになる。したがって、大昔に一様等方なビッグバン宇宙が出現したその時、それまでに情報をやり取りできた範囲は、今の宇宙に比べればほんのごくわずかな部分に限られていたはずなのだ。

ところが、現在我々が見渡す宇宙は極めて高い精度で一様等方である。つまり、ビッグバン宇宙が始まった時、情報をやり取りする手段がないにもかかわらず、まるで示し合わせたかのように一様で均質な宇宙が出来上がっていたことになる。科学者はこれを、「なんだか奇妙ではないか?」と考える。なぜだろうか。

宇宙を高い精度で一様密度に整えるというのは、地面を真っ平らに整地することに似ている。だが、自然のままに任せていても、地面はデコボコのままである。人工的に整地するか、あるいは自然に平野ができるためには海面など水の作用が必要である。ではなぜ、水面は平らになるのだろうか? 下向きに重力が加わっているため、水面をなるべく平らにしようとする作用がまず存在する。だがそれだけではない。水面の高いところと低いところが感知しあって、高いところから低いところに水が移動しなくてはいけない。

宇宙初期ではごく狭い領域でしか情報や物質が移動することができないというのは、水面を平らにするための水の移動が狭い範囲に限られるというのと同じだ。その範囲を超えて平らにしようと思えば、事前に示し合わせておく他はない。それは光の速度で制限される因果律を超えた何者かのみがなせる業、ということになる。これが「一様性問題」である。むろん、神様が宇宙をそのように作ったのさ、と納得するのは一つの手である。だが、科学の枠内でこれを自然に解決できればそれに越したことはない。

問題はそれだけではない。現在の宇宙空間は140億光年先までほとんどゆがみのないことがわかっている。ゆがんでいない空間は平坦であるという。例によって2次元に例えれば、我々の住んでいる世界は完全な平面か、あるいは球面のような曲がった空間だとしても、その球の半径は140億光年よりずっと大きく、140億光年の範囲内ではほぼ平面として扱ってよい、ということだ。

だが、一般相対論による膨張宇宙の解では、空間のゆがみは時間とともに常に大きくなっていく。宇宙が誕生して140億年という長い時間が経つにもかかわらず、ゆがみのない空間が広がっているという事実は、宇宙が誕生した時に恐ろしい精度で平坦な空間として整えられていたことを意味する。宇宙を創造したのが神だとすれば、恐ろしく几帳面な神で、少しでも曲がった空間が嫌でとことん平らに整地してしまった、というところだろうか。これが「平坦性問題」である。

広大な宇宙を生み出すからくり

これをどう理解したらよいだろうか。あらかじめ神が調整したか、あるいは理由はわからないがとにかく宇宙はそのように生まれることになっている、ということだろうか？　もちろん、そう考えることも可能であるが、実は既知の物理法則を使っても、この問題は解決することができる。密度にムラがあり空間がゆがんだ状態で宇宙が誕生しても、その後のなんらかのプロセスにより一様でゆがみのない宇宙に進化すればよい。それが1980年頃に日本の佐藤勝彦、米国のアラン・グースらによって提唱されたインフレーション理論である。

この理論では、アインシュタインが導入し、後に撤回したあの宇宙定数がカギとなる。宇宙定数は、放っておいたら万有引力で収縮して潰れてしまう宇宙を支え、静止した宇宙を可能にするものであった。つまり宇宙定数は万有引力とは逆向き、すなわち反発し合う斥力の効果を持っている。この斥力が引力とちょうど釣り合うようにうまく調整されたものこそ、アインシュタインが提唱した静止宇宙モデルであった。

しかし、この二つが常に釣り合うべきという必然性はない。もし宇宙定数の効果の方が大きければ、宇宙の膨張には加速が働き、どんどん膨張が速くなっていく。宇宙定数は宇宙のどの場所・時刻でも一定の値を持つという性質があり、宇宙がどれだけ膨張してもその効果は変化しない。その結果、あの定常宇宙論のように、宇宙の大きさがねずみ算式(数学的に言えば指数関数的)に急激な膨張をしてしまうことになる。

これが永遠に続くと定常宇宙論と同じで、宇宙における物質密度がほとんどゼロになって困ってしまう。だが、少なくとも宇宙のごく初期の一時期、このような時代があったと考えると実は都合が良い。この急激な膨張をインフレーションと呼んでいる。

インフレーションが始まる時、それまでに光が伝わる領域内では密度が一様にそろっていても不思議ではない。インフレーションによってこの領域が地平線を大きく越えて引き伸ばされ、インフレーション後はあたかも因果律を超えて密度がきれいに整えられたかのような状況が実現する。

同時に、宇宙空間が球面のようにゆがんでいたとしても、球の半径があまりに大きくなりすぎて、現在我々が観測可能な宇宙はその球面のごく一部を見ていることになる。球面のごく小さな一部を切り取れば、ほとんどゆがみのない平面となるように、宇宙空間もゆがみのない3次元空間となる。一様等方で平坦な宇宙の誕生である。それ以後の宇宙に住む観測者は、時間とともに地平線が広がり、どんどん遠くの領域が見えるようになっていくわけだが、なぜか示し合わせたようにひたすら同じような宇宙が広がっているのを目撃するということになる。

ここで人類の歴史を考えあわせると面白いかもしれない。現生人類はすべて、数十万年前のアフリカに共通祖先を持つとされる。それが7万年ほど前からアフリカを出て世界に広がり始め、1万年前には南アメリカ大陸にまで到達していた。この広がりは出発点であるアフリカとの往来が保たれるようなものではなく、ただひたすら広がるのみであり、広がっていった人類の間での交流は失われた。はるかな後年、人々が短時間で相互に往来できるような交流圏が地球規模で出現した時、新たに発見されたはずの「新大陸」にはすでに太古の昔から人類が暮らしていた。肌の色や体格の違いこそあれ、遺伝的には共通の祖先を持つ仲間と「再会」したわけである。数万年前の人類のアフリカからの広がりをインフレーションとすれば、文明の発達による人類の相互交流圏の広がりは、その後の宇宙で地平線が徐々に広がる様に例えることができよう。

どうしてインフレーションが起きたのか？

では、どうしてこのインフレーションが起きたのだろうか？　いや、起こすだけではまだ不十分である。起こした上で、ある程度インフレーションしたら、それを止めることも重要である。そうしなければ、通常の物質で満ちたビッグバン宇宙につながらない。いずれにせよ、まずは宇宙定数と同じような効果を持つものを宇宙に出現させる必要がある。

そもそも宇宙定数の物理的な意味とはなんだろうか。アインシュタインがこれを導入した一つの根拠は、数学的に極めて単純な拡張になっているからだ。簡単な例えを出すなら、例えば $ax^2=c$ という x についての二次方程式を見た人が、未知数 x に比例する項を加えて $ax^2+bx=c$ と変更を加えるようなものだ。図4－1を見てもらえば、定数 b が宇宙定数に対応することがわかるだろう。

宇宙定数を物理的に解釈すると、宇宙のどこでもどの時刻でも一定のエネルギー密度と考えることができる。物質が存在しない真空状態でも、ゼロでないなにか根源的なエネルギーが存在するならば、それは宇宙定数となり、宇宙を急激に膨張させることができる。ただ、永遠不変な宇宙定数ではインフレーションが終わらなくなってしまうのが問題である。

だが、宇宙定数に極めて近い効果を持ち、インフレーション後にうまく消えてくれるまことに都合の良いエネルギーがある。ポテンシャルエネルギーというものだ。これは物理学に登場する基礎的な概念で、ある物体の状態が、潜在的（ポテンシャル）に高いエネルギー状態にあり、なにかのきっかけさえあればそのエネルギーを解放できるような状態を指す。最も身近な例は、重力ポテンシャルであろう。高いところに置かれた球は、止まっている限り運動エネルギーはゼロだが、もし地面に向かって落ちれば、地面に激突するまでに運動エネルギーを持つことになる。エネルギーが無から生じることはないので、これはポテンシャルエネルギーが運動エネルギーに転化したと考えられる。

もう一つ例を挙げれば、過冷却と呼ばれる現象がある。水を静かに冷やすと、摂氏ゼロ度を下回ってもすぐには氷にならない。氷という、水分子が秩序立って整列した状態になるのに手間と時間がかかるからだ。この、温度がゼロ度以下にもかかわらず水が液体にとどまっている状態は、氷になればエネルギーを解放するはずなのにまだ解放できていない、不安定な状況である。これもやはり潜在的にエネルギーを貯めている状態、つまりポテンシャルエネルギーとなる。

人間の社会でも似たようなことが起こる。例えば明治維新のような革命は、多くの人の間で革命の気運が高まればそこですんなり起こるというわけではない。抵抗する旧勢力などにより革命が阻害された状態で、エネルギーが爆発寸前まで蓄えられる。そして沸点を超えてしばらくしてから、なにかのきっかけによって一気に世界がひっくり返る。

話が逸れた。宇宙の初期においても、なんらかの原因でこのように不安定でポテンシャルエネルギーを持つ状態になったと考えられている。そしてこのポテンシャルエネルギーが、宇宙定数に近い振る舞いをするのである。その結果、宇宙は急激に膨張し、インフレーション状態になる。

だが、このような状態は不安定であり、やがてなにかの拍子にポテンシャルエネルギーが解放されて通常の物質の熱エネルギーになる。過冷却状態の水が一気に氷に転化するようなもので、物理学では一般に「相転移」と呼んでいる。これがインフレーションの終了であり、一様等方で超高温のビッグバン宇宙の始まりである。

さらに、インフレーション理論にはもう一つ重要な利点がある。第6章で説明するが、はるかな後年に誕生する多数の銀河や銀河団に見られるような、宇宙の大規模構造の起源となる密度のゆらぎをうまく作り出すことができるのである。銀河ができなければ我々はここにいないはずだから、インフレーションによって仕込まれた種によって我々は存在しているとも考えられる。

こうした理由から、多くの研究者はインフレーションが起こった可能性は非常に高いと考えている。現時点で絶対的な確証はないが、ビッグバン宇宙論の初期条件を最も自然に説明してくれる理論であることは間違いない。

インフレーション研究の困難さ

宇宙がどんな状態で誕生しようとも、インフレーションさえ起こしてしまえば、ビッグバン宇宙の初期条件である「一様等方」で「平坦」な宇宙が実現することはわかった。インフレーションが過冷却によるポテンシャルエネルギーで始まり、相転移で終了するといったもっともらしいシナリオもある。だが、これ以上の詳しいことは全くわかっていない。例えば、どういう物理的な実体が過冷却状態になるのか。ある種の素粒子だと考えられているが、具体的にそれがなんの粒子なのか、皆目わからない。

なぜ、インフレーションのより具体的なプロセスを明らかにするのが難しいのだろうか。最も大きな理由は、宇宙の温度が高すぎるため、信頼して適用できる基礎物理理論がないからである。温度とは、粒子が持っている平均エネルギーとも言える。この1粒子あたりのエネルギーとしてよく使われるのが電子ボルト（eV）という単位で、電子に1ボルトの電圧をかけた時に得られるエネルギーとして定義される。

我々の周りの室温では、粒子はだいたい0・1電子ボルト程度のエネルギーを持っている。原子や分子の間の電気的な力で起きるのが化学反応であるが、そのエネルギースケールはだいたい電子ボルトの桁である。それに比べて原子核反応はその100万倍、メガ電子ボルト（MeV）

の桁になる。原子核反応から巨大なエネルギーを取り出せる所以である。我々はどれぐらい高いエネルギーまで、信頼できる物理理論を持っているのだろうか。

素粒子の間で起こる様々な反応を専門用語で相互作用と呼んでいる。粒子の間に働く力と言いかえてもよい。すでに述べたように、現在までに知られている相互作用は四つある。電気と磁気の力をまとめた「電磁相互作用」、原子核の中の陽子や中性子に働く「強い相互作用」、中性子を陽子に変えると同時にニュートリノを出したりする「弱い相互作用」、そして重力である。今のところ、人類の知るすべての自然現象はこれらの相互作用によって説明できると考えられている。ただしそれは、人類が実験したり観測したりする範囲内でしかなく、それを超えても通用するという保証はない。

人類が実験的に作り出せるエネルギースケールはだいたい1万ギガ電子ボルト（GeV）程度であり、これはスイスとフランスの国境に建設されたLHCなどの巨大素粒子加速器で実現されている。逆に言えば、これより高いエネルギースケールでは実験的な検証は皆無であって、我々の持つ基礎物理法則が正しいという保証はない。

ちなみに100ギガ電子ボルトぐらいのエネルギースケールで、相互作用に重要な変化が現れる。四つの基礎相互作用のうち、電磁相互作用と弱い相互作用が統合されるのだ。もともとこの2種類の相互作用は、高いエネルギースケールにおいて同じものであったのだが、100ギガ電子ボルトより低いスケールになると性質が変化して、二つに分かれたと考えられている。これも相転移である。二つを統合した理論は電弱統一理論、あるいは素粒子の標準理論と呼ばれ、20世紀後半に得られた素粒子物理学の大きな成果である。

電磁相互作用と弱い相互作用が統合されるなら、より高いエネルギースケールでは四つの相互作用がすべて統合されるのではないか、と考えたくなるのは物理学者の習性と言ってよい。理論的考察から、強い相互作用が電弱相互作用と統合されるのが10の15乗ギガ電子ボルト、さらに重力まで統合されるのが10の19乗ギガ電子ボルト程度ではないかと言われている。実験で作り出せるエネルギーの実に1000億倍あるいは1000兆倍という超高エネルギーだ。ただし、そもそも本当に統合されるべきなのかも含めて、確実なことはなにもわかっていないのが実情である。実験的に検証されたものより11桁以上高いエネルギースケールについて考えることは、そもそも無謀とも言える試みであることは心に留めておかねばならない。

宇宙論において過去に向かうということは、温度やエネルギーが高くなっていくことだから、この高エネルギーの壁が宇宙初期の探求における壁となる。現在までに観測事実と詳しい比較検証がなされているのはビッグバン元素合成の時代、エネルギーで言えば原子核反応のスケール（メガ電子ボルト程度）の時代である。

それより昔のことはほとんどわかっていない。信頼できる基礎理論がなく、観測や実験による手がかりもないのだから無理はない。インフレーションは元素合成より昔の時代のどこかの時点で起きたと考えられる。インフレーションを終了させた相転移が、相互作用が分化した時の相転移であると考えるのも自然な推論と言える。だが、足場となる基礎物理理論が確定していない以上、確かなことはわからない。

宇宙に始まりはあったのか？

我が国最古の古典、『古事記』の冒頭には「天地《あめつち》のはじめ」としてこの世界がどのように始まったかが書かれている。天と地とが初めて分かれた開闢《かいびゃく》の時、天之《あめの》御《み》中主《なかぬし》をはじめとする三柱の神がまず現れる。その時はまだ、世界は水に浮かぶ油のように、あるいはクラゲのように漂うあやふやなものであった。そこへ、葦の芽が泥の中から萌え出ずるようにさらに二柱の神が生まれ、やがてイザナキ・イザナミによる国産みで徐々に国土が形作られていく。

曖昧であやふやな状態から突然、なにかのエネルギーで新たな世界が作られ、それを何段か繰り返して徐々に宇宙の姿形が整ってくるという天地創造神話は、インフレーションによるビッグバン宇宙の誕生や、これから説明する時空の誕生シナリオなどと比較するとなかなか楽しいものである。世界や宇宙の創造というものを突き詰めて考えていくと、結局のところどこか似たようなものになってしまうものなのかもしれない。

インフレーションの詳細はよくわからないのだが、とにかくそれが起きたことはまず間違いなさそうだ。これを認めるならば、残された問題は「では、インフレーションの前の宇宙はどのようなものだったのか？　そこでなぜ、どのようにインフレーションが始まったのか？」ということになる。そう、一般社会の人が最も聞きたいところであり、専門家にとっては最も聞かれたくない質問にたどり着いたのだ。

最初に正直に述べておこう。インフレーションですら詳細が不明という状況であるのだから、それより前の宇宙について、現在の科学知識で自信を持ってなにか言うことはほとんど不可能である。読者の皆さんは、科学で解明された宇宙の辺境という意味で、過去にさかのぼる「宇宙の果て」に到達したのだ。

これから述べることは、現在の科学知識に基づくと、こういう予想や想像（妄想？）ができる、というレベルのものでしかない。いや、実験で検証されている領域からエネルギースケールで11桁も飛躍するのだから、「基づく」というのもおこがましいかもしれない。『古事記』にたとえるなら、観測データでよく検証されているビッグバン元素合成以後の宇宙史は、文字記録が残る飛鳥時代以降に対応するだろう。インフレーション期は、ほぼ実在が間違いないとされる天皇たちの古墳時代となるだろうか。そしてインフレーション以前についての想像となると、『魏志倭人伝』の知識に頼らずに、飛鳥時代以降の記録だけから邪馬台国を想像するようなものだ。その信頼度はもはや、アマテラスやスサノオらが活躍する神話と大差のないレベルかもしれない。それでも、それはそれで興味深いものである。

宇宙の始まりについて我々が言えるのは、「4次元時空のどこかの点で、インフレーションすなわち空間が急激に膨張する現象が起こった」ということだけである。それがどうして、なにをきっかけにどのようにして起きたのか、我々には推論をするだけの道具がほとんど与えられていない。

ここまでくると、ビッグバン宇宙論の説明でよく見かける「宇宙は有限の過去の一時点で突然始まった」という物言いも再考せざるをえない。ここで言う「宇宙」はあくまで、我々が観測している範囲の宇宙のみである。インフレーションが時空のどこかで始まったとして、そのインフレーションを生み出す母体の時空までを含めて「宇宙」と呼ぶのであれば、もはやその「宇宙」が過去に向かって有限であるという保証はなくなってしまう。そう、本書の冒頭で述べたように、我々が認識する「宇宙」を生み出す母体をまた「宇宙」と拡大して解釈するならば、宇宙の定義も基礎概念も変わってしまうところまで来たのだ。このような、宇宙観の階層を一つずつ上げていくという作業は、永遠の無限ループになってしまうのかもしれない。

遠い将来、人類の宇宙についての認識がどの階層まで上がっていくのか、それはわからない。少なくとも現状は、インフレーションに続くビッグバンで誕生した、「我々が見渡せる範囲の宇宙」から、それを生み出した母体の時空へと一つ階層を上がったところで、なんの手がかりもなく途方に暮れている状況であると言ってよい。

したがってこの新たな階層では、ホイルらがこだわりぬいた「永遠不変の宇宙」という概念を復活させることもまた可能である。インフレーションを引き起こす母体の時空は永遠不変の世界になっていて、その中で時折、ある場所ある時点で突然インフレーションが起き、ビッグバンにつながって、一つ下の階層である「ビッグバン宇宙」が生まれる。そういうことが頻繁に、無数に繰り返されているのかもしれない。

「宇宙の多重発生」という仮説もある。インフレーションで誕生した一つの宇宙（というか宇宙の一領域）の中のどこかで、またインフレーションが起きて一つの新しい宇宙が生まれる。これを繰り返すと、ある宇宙が誕生し、その子の宇宙、孫の宇宙、と宇宙の誕生が繰り返されるというものである。現時点では科学における仮説というよりは、想像の域を出ていないと言うべきかもしれない。だが、このような可能性を積極的に否定する理由や根拠もまた、ない。

重力の量子論と時空の誕生

インフレーションが始まる時点で、少なくともそこにはすでに3次元空間に時間を加えた4次元時空が存在したことになる。このインフレーションの母体となる時空は永遠不変に存在しているのかもしれない。一方で一般相対性理論によれば、時空は物質の存在に応じて常に変化したり進化したりするものである。だとすれば、このインフレーション以前の時空もまた、永遠不変と考える必然性はない。さらに過激に、この４次元時空そのものが突然生まれるというシナリオも想定できる。

すでに述べた通り、エネルギースケールを上げていくと自然界の４種類の相互作用は統合されていくと期待されている。重力を除く三つの相互作用が統合された後、ついに重力まで統合されると考えられているエネルギーが、10の19乗ギガ電子ボルトという途方もない高エネルギーで、プランクスケールと呼ばれる。身近な単位に直せば16億ジュールあるいは38万キロカロリーであり、１辺が１・５メートルの立方体のタンクに入った水を摂氏０度から１００度まで上げるのに必要なエネルギーである。

なんだ、それならたいしたことないじゃないか、と思われるかもしれない。だが、ここで考えてきたエネルギーは素粒子の反応が起こる際に一つ一つの粒子が典型的に持つエネルギー、いわゆるミクロなエネルギーである。たった一つの素粒子が、タンクの水を沸騰させるというマクロなエネルギーを持つということは、やはりとてつもなく巨大なことなのだ。

このエネルギーは以下のように導出される。ニュートンの万有引力の法則やアインシュタイン方程式に登場する重力定数G、量子力学で基礎となるプランク定数h、それに光速度cの三つは

$$E_{\mathrm{P}} = m_{\mathrm{P}}c^2 = \sqrt{\frac{hc^5}{2\pi G}}$$

図4-2　プランクエネルギー

プランクエネルギーE_{P}は、重力定数G、プランク定数h、光速cで書ける。このエネルギーと、アインシュタインの式$E=mc^2$から計算されるのがプランク質量m_{P}である。

最も基本的な物理定数であるが、これらを掛け算・割り算で組み合わせてエネルギーにしたのがプランクスケールである（図4－2）。この数字の意味するところは、重力定数Gとプランク定数hを含んでいることから想像できる。すなわち、これより高いエネルギースケールでは、重力も量子力学的に考えなければならないということだ。

ニュートン力学でも一般相対性理論でも、すべての物理量はある明確な値を持ち、それは連続的に変化する。ある時刻での値が初期条件として与えられたら、それらがその後、時間とともにどう変化していくかを教えてくれるのがこれらの理論の基礎方程式である。このような理論を古典理論という。だが、ミクロの素粒子の世界ではこうした常識が通用しない。原子の中で原子核の周囲を回る電子のエネルギーは、不連続な飛び飛びの値をとる。そして、あるエネルギーの値に対応する状態から別のエネルギーに対応する状態への移行も、ある時突然に起こる。状態の変化だけでなく、粒子そのものが作られたり消滅したりする。

こうした現象を扱うには量子論が必要となる。重力以外の三つの相互作用は素粒子の相互作用に関する理論であり、量子論として定式化されている。そこで、さらに高いプランクスケールでは、重力もまた量子化されているのではないか、と考えられるのだ。

もし、重力が量子化されたらどのような世界になるだろうか？　一般相対論によれば、重力は時空構造である。一様等方な膨張宇宙モデルではそれが単純化され、時空構造は単に宇宙の大きさの時間変化で表される。これが量子化されると考えてみよう。古典理論では、宇宙の大きさは連続的にしか変化しない。一方でこれが量子化されれば、この「宇宙の大きさ」という物理量が飛び飛びの値をとり、時に不連続に変化することも考えられる。

ウランなどの不安定な原子核を見ていると、ある時突然崩壊し、エネルギーとともに電子などの粒子が生成されて飛び出してくる。これと同じように、宇宙の大きさがゼロで時空も含めてなにも存在しない状態から、ある時突然、ゼロでない有限の大きさを持った時空すなわち宇宙が誕生する、といったプロセスを物理学の言葉で記述できるかもしれない。

時間とはなにか？

別の形で三つの物理定数G、h、cを組み合わせると、ある時間スケールが出てくる。これをプランク時間といい、それは1秒を10の44乗で割った程度の時間である。あまりに短すぎてピンとこないわけであるが、もし時空が量子的に誕生して宇宙が始まったのであれば、誕生直後の宇宙の典型的な時間スケールはこの程度になるであろう。

だが、「ある時突然、時空が生まれる」という表現はおかしいかもしれない。時空が存在しない状態では、そもそも時間とはなんぞや？　ということになってしまうからだ。重力の量子化を考える時の本質的な困難がここにある。他の相互作用を記述する上で大きな成功を収めた量子論では、時空というのは永遠不変のステージ、あるいは競技場といったもので、その中で踊ったり走ったりする素粒子を記述するものだ。

ところが重力では、そのステージ自体が物理現象として変化してしまうので、一体なにをやっているのかわからなくなってしまう。時空そのものが無から誕生するのであれば、それを生み出す母体となる世界とはなんなのか？　ここでまた無限ループに陥りそうだ。そもそも量子力学は時間や空間の存在を前提としている。その理論が、時空の誕生など記述できるのであろうか？

重力を量子化する試みは、素粒子物理学、相対性理論の最大のテーマとしてすでに数十年にわたり精力的に研究が行われてきた。有名なものでは超ひも理論があり、他にも量子重力理論の候補とされるものがいろいろある。しかし残念ながら、あまりの困難さのために未だに完成を見ておらず、完成への道筋や見通しすら立っていないのが現状である。そもそも本当に重力も他の相互作用と同様に量子化されるべきものなのかどうか、それすらも確実なことはわからないのである。

研究者は常にオプティミストである

プランクスケールでの物理現象を観察することができれば、重力が量子化されるのかどうかがわかるはずだ。素粒子加速器実験で、現在のところの最高エネルギー1万ギガ電子ボルトに到達しているLHCは、山手線の一周に匹敵する巨大な加速器である。プランクスケールに到達するには、実にこの1000兆倍にエネルギーを上げなければならない。粒子を加速する効率が変わらなければ、必要な加速器の大きさは約3000光年となり、これは太陽から銀河系中心までの距離の8分の1ほどである。

このようにプランクスケールはあまりに高すぎるので、少なくともこれから100年以内に到達するのはまず不可能であろう。もしかしたら未来永劫、無理なのかもしれない。人工的に作るのではなく、自然現象はどうだろうか。宇宙から地球に降り注ぐ高エネルギー粒子である宇宙線の中には大変高いエネルギーのものもあり、その最高エネルギーは実に10の20乗電子ボルト（1000億ギガ電子ボルト）に達する。だが、それでもまだプランクスケールには1億倍足りない。宇宙では様々な現象が起きているが、プランクスケールが重要になるのは宇宙誕生時だけだと考えられている。

したがって、量子重力理論が完成するまでにはまだまだ長い道のりが予想される。理論的な考察だけではどうしても行き詰まる。だがマイケルソン－モーリーの実験が相対性理論の誕生につながったように、なにか既存の理論では説明できないような実験や観測事実が出てくれば、それがブレークスルーになると期待される。しかし今のところ、宇宙における様々な現象で、既存の理論では全く説明できないというものはなかなか見あたらない。第9章で触れる、暗黒物質や暗黒エネルギーは、もしかしたらそのようなものかもしれない。

人間の予想というのは多くの場合、外れるものでもある。意外と近い将来、予想外のブレークスルーが革命的進展をもたらすかもしれない。相対論が登場するほんの少し前まで、もはや物理学の基礎理論は完成し、すべての現象はこれで説明できるとも考えられていたという。それが光速度不変という新観測事実によって一変し、さらには一般相対性理論という革命がたった一人の天才によってもたらされたことを考えると、今の我々には想像もできないような次の革命がすぐそこまで迫っているという可能性を、排除する理由はない。

スーパーカミオカンデ実験を率いた戸塚洋二が書いた素粒子物理学の教科書の前書きに、「実験屋は常にオプティミストである」という文章があったことが印象に残っている。また、その本の中で彼は以下のようなことも述べている。横軸に西暦、縦軸に加速器の性能（到達エネルギー）をとって図にしてみると（図4－3）、20世紀における素粒子加速器の性能向上は驚異的なもので、エネルギーはおよそ10年で7倍、1930年から2000年までで10万倍になったこと

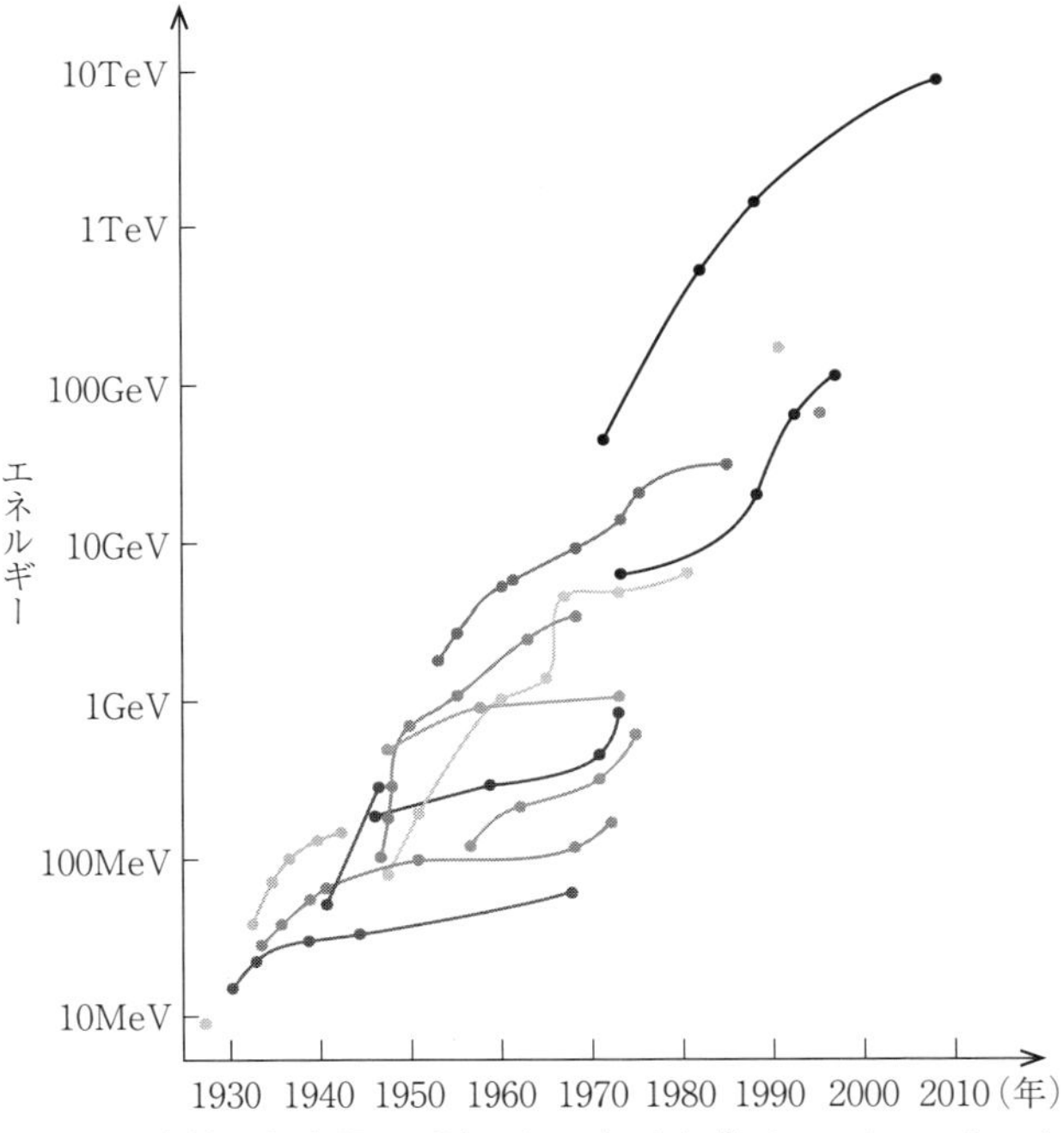

図 4-3 素粒子加速器の到達エネルギーと年代(リビングストンプロット)
曲線でつないだデータ点は、同じ加速技術による加速器を示している。

になる。これはコンピュータに使われる半導体の性能が18ヵ月で2倍になるという、いわゆるムーアの法則と似たもので、人類の技術革新においてしばしば見られる現象である。

このペースが今後もずっと続くとすれば、西暦２１７０年には人類はついにプランクスケールに到達するのであり、悲観的になる必要はないと戸塚は書いている。確かに間違いなくオプティミストである。現実はそう簡単にはいかないだろう。だが、２１９９年には人類は宇宙戦艦ヤマトを建造し、銀河系を越えて大マゼラン雲にまで到達する技術力を持つことを考えれば、銀河系に匹敵する大きさの加速器だって案外いけるのかもしれない。

私はどちらかというと理論屋であるのだが、すべての研究というのはなにか新しいことに挑戦することが本質であるのだから、戸塚の言葉の「実験屋」はすべての研究者と言いかえてよいように思う。インフレーションとそれ以前の宇宙について、近い将来に現状を打破してなにか新しい知見が得られる見通しは今のところ不透明であるが、一人のオプティミストとして待つことにしたい。

空間方向へ広がる「宇宙の果て」は？

それでは本章の最後に、「宇宙の果て」と言った場合に最も普通に想像する、「空間方向に広がる宇宙の果て」はどうなっているか、という問いに対する答えを考えてみよう。すでに述べた通り、現在の宇宙で直接観測可能な領域は、宇宙誕生から現在までに光速で伝わる距離、すなわち宇宙の地平線（半径464億光年）の内側に限られる。

だがこれまでに説明してきた宇宙論の成果に基づいて、これよりずっとずっと大きな領域まで宇宙がどのように広がっているか、かなりの自信を持って述べることができる。そのカギはインフレーションである。現在の宇宙の地平線内は極めて一様等方に保たれており、それを実現してくれるのが宇宙初期の急激な宇宙膨張、インフレーションであった。インフレーションの時期にどれぐらい宇宙が膨張したか、その正確な数字はわからない。だが、今の地平線内の領域が一様等方に整えられるためには、宇宙の大きさが少なくともざっと10の30乗倍になったと考えられている。これは最低限ということであり、本当は10の40乗倍、あるいは10の50乗倍かもしれない。

いずれにせよインフレーションは、宇宙創世の神様が宇宙をあらかじめ一様密度に、かつゆがみのない平坦な空間に整地するような作業であるが、この整地作業の範囲がちょうど今を生きる我々の地平線と同じぐらいになっていると考える必然的な理由は全くない。地平線は宇宙開闢からその時までに光が伝搬する距離であり、観測者が宇宙のどの時代にいるかによって変わるからだ。

ということは、インフレーションによって整地された領域は現在の地平線よりはるかに（具体的には10の何十乗倍という感じで）大きく広がっていると考えるのが自然である。つまり、インフレーションを認めるのであれば、空間方向に広がる宇宙の果てについてまず確実に言える一つの回答は、「半径464億光年の宇宙の地平線よりはるかに大きな領域まで、一様かつ等方で、ゆがみのない平坦な宇宙空間が広がっている」ということである。

「それでは、インフレーションで整地された領域を超えた大きさでは、宇宙はどうなっているのですか？」という質問が直ちにきそうである。ここから先はまた、現代の科学知識では自信を持って答えることができない領域となる。事実、これを真剣に研究している研究者もほとんどいないのが実情だ。もちろん、研究者を含め多くの人にとって最も興味のあるテーマではあるが、実際に研究成果らしいものを出すのはほとんど不可能に近い。特に、若い大学院生が手を出しても、成果が出ずに研究者の職を得ることすら不可能になる恐れが大きく、とても学生に薦められるテーマではない。

それでも、幾つかの可能性は考えられる。一つの問いかけとして、「宇宙空間は無限に広がっているか、あるいは有限な体積を持つか？」というものから出発しよう。インフレーションの前にすでに時空が存在し、その一領域でインフレーションが起きたのであれば、インフレーションで誕生したビッグバン宇宙の領域にはやはり限りがあると考えるのが自然のように思われる。

焼き餅に例えてみよう。四角い餅を焼いていくと、その表面のどこかがなにかの拍子に膨らみ始め、風船のように広がるのを見たことがあるだろう（図4-4）。この風船のように膨らんだ

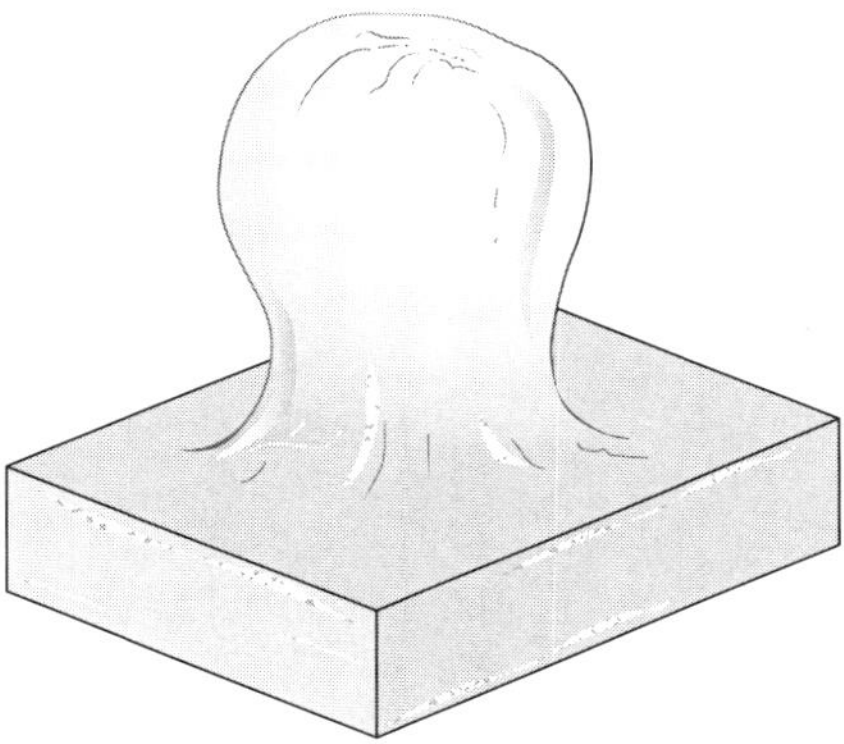

図4-4 宇宙の膨張を焼き餅で例えた絵

表面のごく小さな領域が、我々の観測する宇宙と考えられる。その小さな領域だけを見ていれば、一様等方な領域が広がるだけであり、焼き餅の膨らんだ風船の形を知ることはできない。

だが、膨らんだ風船の上を移動していけば、いずれ根元のまだ膨らんでいない焼き餅の領域に至る。インフレーションの前にすでに存在し、その母体となった時空は、このまだ膨らんでいない焼き餅と考えられる。残念ながら現実の宇宙では光速を超えられないので、このような移動は不可能である。したがって、この母体となる時空もまた有限で果てがあるのか、あるいは無限に広がっているか、これについては残念ながらお答えするすべがない。焼き餅の膨らんだ表面にへばりついた小さな虫には、焼き餅が角餅なのか丸餅なのか、どのくらいの大きさなのか、あるいは、焼き餅が無限の大きさに広がっているのかなど、わからないのである。

ただ、時空そのものも量子論的に突然ポッと誕生したものだとするなら、無限に広がる空間がそういうプロセスで誕生したとも考えにくいかもしれない。有限の体積を持つ空間を含む時空が量子論的に誕生し、それがすぐにインフレーションを起こしたとすれば、3次元空間のすべての領域がインフレーションを起こして今のような宇宙に成長したのかもしれない。この場合は、膨らんでいない根元のある焼き餅というよりは、シャボン玉のようなものを想像するのがよかろう。シャボン玉や地球の表面は、どこでも似たような世界が広がっているが、その体積は有限である。そしてこの場合、空間方向への「宇宙の果て」は全く存在しない、という答えになる。ある方向に向かってひたすら移動し続ければ、いつかは逆方向から元の地点に戻ることになる。このような宇宙像も、一つの自然な想像と言える。

これ以上のことを語ることは、残念ながらほとんど不可能である。宇宙論の研究が発展し、いつの日かもっと確実に、踏み込んだことが言える日がくるかもしれない。ただし現状を考えると、それは私が生きているうちには無理なようにも思える。やはり、オプティミストとして気長に待つほかはなさそうである。

第5章

宇宙の進化史

最初の星の誕生まで

我々の宇宙の果てと宇宙の歴史

本書の後半では、二つの「宇宙の果て」について語っていきたいと思う。一つは、我々の近傍から出発して、人類の天文観測がどれだけ遠くへ、また、どれだけ深く宇宙を理解するに至ったのかという、人類の知的探求による「宇宙の果て」である。もう一つは、過去にさかのぼる宇宙初期とは逆に、未来の時間方向への宇宙の果て、つまり宇宙は将来どうなっていくのかという「果て」である。

これらを説明するには、ビッグバンから出発してどのように、現在のような星や銀河に満ちた宇宙へ進化してきたのか、そしてまた今の宇宙でどのような現象が起きているのかを、まず把握してもらわねばならない。

そこで本章では最初の星が誕生するまでの宇宙の進化史を、次章では星や銀河とはどのようなもので、そしてそれらがどのように生まれてきたのかを説明したい。第7章では宇宙の謎に迫る人類の宇宙観測の現状を紹介した上で、二つの「宇宙の果て」に迫ることにしよう。

誕生後1000億分の1秒の宇宙

インフレーションが終わり、それを引き起こしたポテンシャルエネルギーが相転移によって高温・高密度の物質と光に転化する瞬間が、ビッグバン宇宙の誕生である。だが前章で述べた通り、インフレーションの詳細がわからないので、この時の宇宙の温度あるいは粒子の平均エネルギーがどれくらい高かったのかはよくわからない。ただ、観測的に検証されているビッグバン元素合成の時代の温度（約100億度）より高かったのは間違いない。

ちなみに温度と粒子の平均エネルギーの間には単純な比例関係があり（表5－1）、1電子ボルト（eV）がおよそ1万度である。つまり100億度の元素合成の時代のエネルギースケールは100万倍の1メガ電子ボルト（MeV）となる。むしろ、原子核反応の典型的なエネルギースケールがメガ電子ボルトなので、宇宙がこのぐらいの温度の時に元素合成が起こるのだ、と言うべきであろう。

元素合成以前となると、今のところ理論に基づいて想像するしか手段がない。実験的によく検証されている物理学理論を用いて、比較的自信を持ってさかのぼることができるのは、温度が約1京（1兆の1万倍）度で弱い相互作用と電磁相互作用が分化するあたりまでである。宇宙の温度と誕生からの年齢には一定の関係があり、この頃の宇宙の年齢はざっと1000億分の1秒程度である。その後、温度は年齢の平方根に反比例して下がっていく。年齢が4倍になると温度は半分になる、ということだ。

表5-1　宇宙の歴史年表

時刻	宇宙の大きさ	温度［K］	エネルギー	宇宙史上の事件	物理現象など
$1/10^{43}$秒	$1/10^{31}$	10^{32}	10^{19}GeV(10^{28}eV)	宇宙誕生？	量子重力理論？
$1/10^{35}$秒	$1/10^{27}$	10^{28}	10^{15}GeV(10^{24}eV)	強い力の分化？	大統一理論？
$1/10^{27}$秒	$1/10^{23}$	10^{24}	10^{11}GeV(10^{20}eV)		最高エネルギー宇宙線
$1/10^{11}$秒	$1/10^{15}$	10^{16}	10^{3}GeV(10^{12}eV)	弱い力の分化	最大の素粒子加速器
$1/10^{5}$秒	$1/10^{12}$	10^{13}	1GeV(10^{9}eV)	対消滅の時代	クォークとハドロンの境界
10秒	$1/10^{9}$	10^{10}	1MeV(10^{6}eV)	ビッグバン元素合成	原子核反応
5万年	1/3400	9000	0.8eV	物質と放射の逆転	
40万年	1/1100	3000	0.3eV	晴れ上がり	化学反応
1700万年	0.01	300	0.03eV		室温
5億年	0.1	30	2meV	初代天体・再電離	
33億年	0.3	8	0.7meV	宇宙の正午	
92億年	0.70	3.8	0.33meV	太陽系の誕生	
100億年	0.75	3.6	0.3meV	加速膨張の開始	
138億年	1	2.7	0.23meV	現在	

物質と反物質の壮絶な戦い

宇宙年齢が10万分の1秒、温度が10兆度（エネルギーで言えば1ギガ電子ボルト〔GeV〕）に下がってくると、宇宙史の中でも極めて重要な事件が起きる。原子核を構成する粒子である陽子や中性子の誕生と、それとほぼ同時に起こる反物質の消滅である。これらは確実に起こったと思われる宇宙史上の重大事件の中でも最初のものと言ってもよいかもしれない。この1ギガ電子ボルトというエネルギーは、原子核を構成する陽子や中性子の静止質量エネルギーにほぼ等しい。静止質量エネルギーというのは、あの有名なアインシュタインの公式、$E=mc^2$ で決まる、すべての物質がその質量に応じて持っている潜在的なエネルギーのことである。

この温度より高いと陽子や中性子はクォークに分解して存在していると考えられている。クォークは電子やニュートリノと同様、現在のところそれ以上に分解されない基本粒子として素粒子の標準理論に登場するもので、陽子や中性子は三つのクォークが結合したものである。この時代、それまでバラバラだったクォークが陽子や中性子に変わるという相転移がまず起きる。これをクォーク・ハドロン相転移と呼んでいる。だが、この時代の重要な事件はこれだけではない。

よく知られているように、多くの素粒子には質量は同じだが電荷が逆の反粒子が存在する。宇宙の温度、すなわち粒子の平均運動エネルギーが質量エネルギーより高い状態では、例えば光子と光子が衝突して陽子と反陽子、あるいは中性子と反中性子を作り出すことができる。光の正体は電磁波という波であるが、量子力学によれば粒子でもあり、粒子として見た光が光子である。クォーク・ハドロン相転移の直後は、光子の数と陽子や中性子、およびその反粒子の数はだいたい同じになっている。

この時の粒子の数密度は物理法則から決まっており、温度を決めればその時の数密度が定まる。この頃の温度に対応する粒子数密度はざっと1立方センチメートルあたり10の40乗個ほどである。宇宙における光子の総数はこの頃から現在までほぼ変わらないが、宇宙膨張のために密度は大きく下がり、現在では1立方センチメートルあたり約400個となる。この光子(電磁波)が現在、宇宙マイクロ波背景放射として観測されているものである。

さて、これより温度が下がると、光子の持つエネルギーが陽子の静止質量エネルギーより小さくなり、陽子と反陽子を作り出すことができなくなる。一方、陽子と反陽子がぶつかって光子になる反応は質量エネルギーを解放すればよいので、引き続き可能である。その結果、陽子や中性子はどんどんその反粒子と対消滅《ついしょうめつ》をして、消えていくことになる。

となると、最後は陽子も中性子も全く存在しない宇宙になってしまうのだろうか？　実はそうはならない。仮に、物質と反物質の間には完全な対称性があり、陽子や中性子と全く同数の反陽子、反中性子があったとしてみよう。粒子と反粒子は電荷を除いて全く同じ性質なのだから、これは自然な仮定と言える。対消滅によって数密度が下がると、陽子が反陽子に出会う確率も下がってしまう。また宇宙は膨張しており、そのためにさらに数密度が下がっていき、やがて粒子と反粒子が出会う確率がほとんどゼロになってしまう。こうなるとそれ以上の対消滅はもはや起きなくなり、数密度は一定の値で「凍結」してしまう。

身近な話で例えるなら、独身男女が完全に同数のコミュニティがあり、すべての男女が結婚を願っているとしよう。一定の割合でカップルが誕生していくが、独身の男女が減っていくにつれて、彼らが出会うチャンスも減ってくる。やがて婚活の間に出会う確率が低くなってしまうと、そこで一定数の独身者が残される、というようなものだ。

もし今の宇宙に存在する物質がそのようにして生き残ったものであるなら、宇宙には物質と反物質が平等に存在するはずである。星野之宣のSF漫画『2001夜物語』ではこれから想像を膨らませて、新たに発見された太陽系の最も外側を回る巨大惑星が、実は反物質でできているというストーリーが展開する。

だがこれはあくまでSFの話で、残念ながら現実の宇宙でそのようなことが起こるとは考えられない。もし粒子と反粒子の数が同じで、密度低下による反応の凍結により現在の宇宙の物質量が決まっているなら、それは粒子と反粒子の反応率を用いて計算で求めることができる。実際に計算してみると、それは現実の宇宙に存在する物質量に比べてはるかに小さな値になってしまうのだ。つまり、このシナリオでは現実の宇宙を説明することができない。

これが意味するところはなにか。そう、粒子と反粒子が完全に同数存在したという仮定を見直さざるをえない。なんらかの理由で、宇宙では粒子が反粒子に比べてわずかに数が多かったのだ。

陽子や中性子など、物質の重さの起源となる粒子を総称してバリオン（重粒子）という。そしてプラスやマイナスの電荷のように、バリオン数というものが定義されていて、陽子や中性子はバリオン数が1、その反粒子はバリオン数がマイナス1である。

粒子と反粒子が完全に同数なら、宇宙の全バリオン数はゼロである。だが宇宙初期において、なぜかこれがゼロでない状態になったのである。この場合、粒子と反粒子の反応が起きうるだけすべて起こったとしても、余分な粒子だけ取り残されて生き残る。男性の方が女性より数が多ければ、どれだけ結婚しても一定の数の男性が残るのと同じである。現在、我々の宇宙に存在しているすべての物質は、残念なことにパートナーを見つけられなかった粒子たちと言える。

バリオン生成の謎

この粒子と反粒子の間の対称性の破れは、実はごくわずかなものである。粒子と反粒子がそれぞれ約100億個あったとして、粒子が反粒子よりわずかに1個だけ多い、というレベルのものだ。100億の粒子が次々と反粒子にぶつかって消滅していく中、わずかに一つだけ生き残ったのが我々の体を形作る原子となったのである。

人間の卵子が受精する際、数億の精子が卵子に向かって競争し、その中の一つだけが勝者となって人間が生まれるという。だがそれよりはるか以前に、我々の身の回りの一つ一つの原子すべてが、さらに苛酷な生存競争を生き抜いてきたということになる。あるいは、70億の世界人口で男が女よりわずか1人だけ多い状況で、結婚できずに売れ残るというとんでもない不幸を背負ったとも言えるだろうか？

では、なぜ粒子の方が反粒子よりわずかに多く用意されていたのだろうか？ これは実は宇宙論の中でも最も重要な未解決問題の一つである。対消滅の時代以前に、なんらかの過程でわずかに粒子が多くなったと予想されている。そのためにはサハロフの条件と呼ばれる三つの条件が必要とされる。ちなみにこの条件を提唱したアンドレイ・サハロフは旧ソ連の理論物理学者で、ソ連の水爆の父とも呼ばれた人物であった。1975年にノーベル賞を受賞しているが、それは物理学賞ではなく、なんと平和賞であった。後半生における人権や軍縮、ソ連改革についての流刑にも屈しない活動が授賞の対象となった。ソ連崩壊の2年前、1989年に他界している。

サハロフの条件の一つに、バリオン数が変化するような反応が起こること、というものがある。だがそのような反応は現在の素粒子標準理論には含まれないし、実験的にも知られていない。もしこのような反応が起きるのなら、例えば、陽子がある時突然に崩壊して消えてしまうということも考えられる。

孤立した中性子は15分程度でベータ崩壊という現象を起こして、電子とニュートリノを放出した後に陽子に変わってしまう。どちらもバリオン数1を持つので、バリオン数は不変である。陽子については、現在の標準理論では絶対安定で未来永劫存在することになっている。だが、電磁相互作用と弱い相互作用に加えて、強い力まで統一した大統一理論では、この陽子もまた長い時間が経つと崩壊してしまうことが予想される。

どれくらい長い時間か、それは素粒子理論モデルによるが、例えばざっと10の34乗年といったところである。あまりに長すぎて想像がつかないだろうか。例えば、現在の宇宙年齢（１３８億年）を1ミリメートルの厚さの板と考えて、これをどんどん積み上げていこう。すると10の34乗年は、積み上がった板の高さがだいたい銀河系の大きさぐらいになる時間である。

ただ、すべての陽子が崩壊するにはあまりに長い時間がかかるとしても、10キロトンの水の中には10の33乗個を超える陽子が存在している。つまりこれだけの水をたたえた巨大なタンクをじっと見つめていれば、1年のうちに何個かの陽子は崩壊して、その際に生じる光などが観測されるかもしれない。

有名なカミオカンデ実験は、実はこの陽子崩壊の探索を第一の目的として始まったものである。実験名のKAMIOKANDEは神岡に"NDE"をつけたものだが、これは核子崩壊実験(Nucleon Decay Experiment)の略である。その後、陽子崩壊は見つからず、ニュートリノ検出実験(Neutrino Detection Experiment)が主要科学目的に変わった。つくづくうまい名前をつけたものだと感心させられる。今のところ、陽子崩壊については崩壊寿命が10の34乗年よりは長い、という下限だけが得られている。

いずれにせよ、おそらく宇宙の超初期ではバリオン数を変化させるような反応が起きたはずだが、そのような高いエネルギースケールでは、我々はまだ基礎物理法則を持ち合わせていないのだから、確かなことはわからない。残念ながらこのメカニズムの解明にも、まだ長い時間がかかりそうである。

ビッグバン元素合成

壮絶な対消滅が終わると、それ以後の宇宙進化における役者としては光子、陽子、中性子、電子、陽電子、そしてニュートリノが残される。これらのうち、陽子と中性子は対消滅により数が100億分の1になっている。一方、質量がゼロの光子や、陽子よりずっと軽い電子とその反粒子である陽電子、そしてニュートリノの数はあまり変わらないから、陽子や中性子に比べて100億倍の数でうじゃうじゃと存在している。

この状態で温度が低下して100億度程度になると元素の誕生、すなわちビッグバン元素合成の時代となる。この時、宇宙の年齢はおおよそ1秒から1分といったところであり、ようやく我々にとって馴染みのある時間スケールになってくる。

元素、つまり様々な原子核を作っているのは陽子と中性子だから、ここでも当然、主役はこの二つの粒子である。陽子と中性子の質量はほぼ同じであるが、中性子の方がわずかに0・13パーセントだけ重い。この質量差をエネルギーにすれば1・3メガ電子ボルトとなり、中性子の方がエネルギー的に高い状態にある。そうした状態はエネルギーを放出してより低い状態に移ることができる。

温度が高い状態では、この陽子と中性子の質量差はほとんど無視できるから、陽子と中性子の数はほぼ同じである。だが温度が100億度より低くなってくると、この質量差が重要になり、多くの中性子はエネルギー的により安定な陽子に変わろうとする。この作用が働き続けるならば、温度の低下とともにやがてすべての中性子は陽子に変わってしまい、宇宙は陽子だけになってしまうだろう。

するとこれは困ったことになる。現在の宇宙における元素の存在量は確かに水素(=陽子)が最も多いが、重量比で27パーセント程度はヘリウムである。ヘリウム原子核は2個の陽子と2個の中性子でできている。このうち4パーセント程度はずっと後の時代に星の中の核融合でできたと考えられるが、23パーセント程度はビッグバン元素合成でできたことになる。このヘリウムの中の中性子はどこからきたのだろうか？

この問題を解くカギは陽子を中性子に変える反応の速度である。中性子が陽子になるためには、周囲の陽電子やニュートリノとぶつかって反応を起こす必要がある。だが、中性子の数が減少することに加えて、宇宙が膨張して数密度が下がると、こうした反応が起こる頻度が減っていく。やがて中性子の数が陽子の7分の1程度になったところで、両者の数の比は固定されてしまう。

そして陽子と中性子は合体を始める。これらの間には強い相互作用である核力が働き、合体した方が安定なのだ。陽子と中性子は出会えば難なく合体する。合体で生じた粒子は化学的な性質は水素と全く同じだが、中性子が一つ加わった分だけ重い。水素の同位体である重水素である。これにもう一つ中性子がくっつけば、三重水素となる。

三重水素に陽子がぶつかれば陽子が2個、つまり原子核としてプラスの電荷が2となるので、元素としてはもはや水素ではなくヘリウム4（4は陽子と中性子の合計数を表す）となる。ただしこの反応はこれまでのものに比べてそう簡単ではない。双方が陽子を含むため、プラスの電荷を持っている2粒子の衝突となり、電気的な反発力が合体の障害になるのだ。だが、最終的にはこの反発力を乗り越えて、ほぼすべての中性子はヘリウム4原子核に取り込まれることになる。

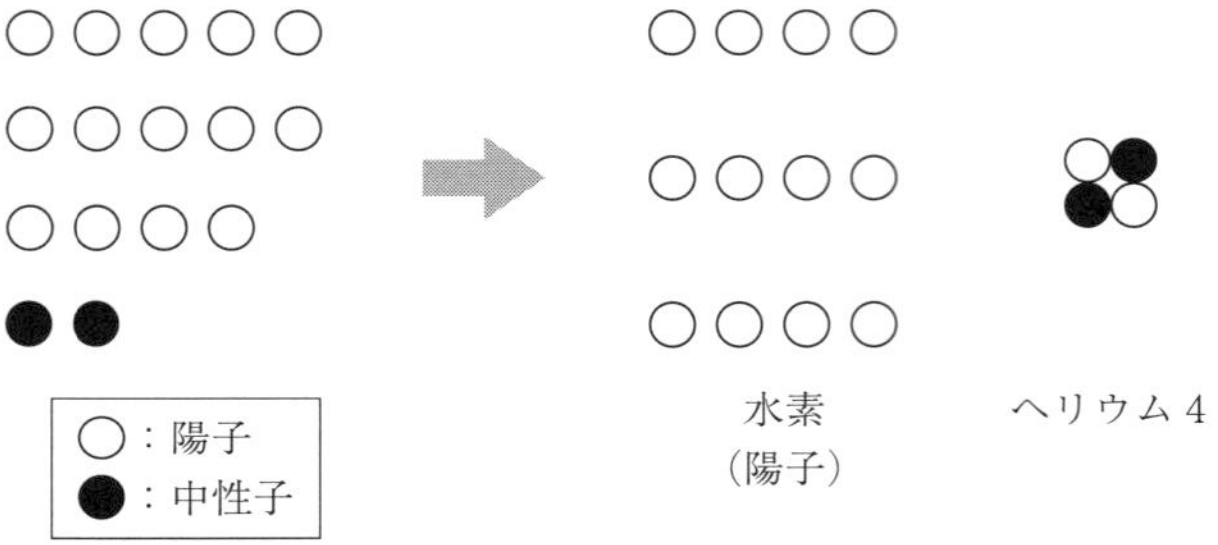

図5-1　陽子と中性子の合体
個数比が7：1の陽子と中性子から、個数比12：1（質量比3：1）の水素とヘリウム4ができる。

陽子と中性子の個数比が約7：1で、中性子が同数の陽子を捕まえてヘリウム4となるわけだから、ヘリウム4の重量パーセントが約25パーセントで、残りは水素ということになる（図5－1）。

途中の生成物である重水素、三重水素、ヘリウム3（陽子2個と中性子1個の原子核）などは、水素に比べて1万分の1から1000万分の1程度の個数しか残らない。ヘリウムより重い原子核であるリチウムやベリリウムもごくわずかに生成されるが、水素に比べて100億分の1ほどである。ヘリウムより重い原子核を作る合体反応が本格的に始まる前に、宇宙膨張による密度低下でそのような反応が起きなくなってしまうからだ。これ以降、はるかな後の時代に星が誕生してその中で核融合反応が始まるまで、宇宙の中で新たに元素が生み出されることはない。

ガモフによる宇宙マイクロ波背景放射の予言

すでに述べたように、宇宙マイクロ波背景放射が理論的に予言され、その予言通りに発見されたことは、ビッグバン宇宙論の確立に大きな役割を果たした。実はこの予言はビッグバン元素合成についての考察から、１９４８年にガモフによってなされたものである。わずかな観測事実を手がかりに、ほぼ純粋に理論的な考察から、将来見事に的中する予言をなしえた経緯は、人類の思考能力の素晴らしさを示す一つの好例と言える。これを少し詳しく見てみよう。

現在の宇宙には、普通の水素原子約10万個に一つの割合で重水素が存在する。これが宇宙初期に合成されたとすれば、いくつかの条件が要求される。まず、重水素を作るために陽子と中性子の合体反応が十分に起きなければ、そもそも重水素ができないことは明白である。しかしこれだけでは不十分である。重水素はそれほど安定な原子核ではなく、さらなる原子核反応によって容易により重い原子核に変わってしまう。10万分の1というと少ないように聞こえるが、もし原子核反応が十分に起きている状況なら、もっとずっと少ない重水素しか残らなかったはずなのだ。

これはつまり、重水素を作る核反応が頻繁に起きすぎても困るので、ちょうどほどよい加減でなければならないということなのだ。陽子と中性子が合体する頻度は、これらの粒子の数密度で決まる。元素合成の時代に、この「ほどよい反応頻度」になるような密度を算出すると、それは1立方センチメートルあたりに陽子や中性子がざっと10の18乗個というものである。

一方、現在の宇宙ではこの密度が１０００万立方センチメートルあたりに1個という超低密度にまで下がっている。元素合成時代から現在までに宇宙はおよそ100億倍に膨張したことになる。温度はそれに反比例して、元素合成の当時100億度だったものが、ちょうど絶対温度で1度程度にまで下がることになる。したがって現在の宇宙はこのぐらいの温度に対応する電磁波（黒体放射）で満たされているはずである。実際に観測されている背景放射の温度（2・7度）にかなり近い数字が、こんな簡単な考察からあっさり出てくるのである。

なおここで、数倍の違いはどうするのか、などと気にしてはいけない。ガモフの時代、そもそも宇宙マイクロ波背景放射のようなものが存在することすら想像もされていなかった。その温度を予想するにしても、1000度でもいいかもしれないし、1万分の1度でもいいかもしれない。そのような状況で、わずか数倍程度の誤差で正確に温度を予言したことは見事としか言いようがない。

物質と光の逆転

ビッグバン元素合成の時代（温度100億度、宇宙誕生からの時間1秒～1分）が終わると、その後しばらくは宇宙の歴史において特に見るべきものがない時期が続く。次に重要な時代が訪れるのは温度が約1万度、宇宙誕生からの時間はざっと10万年というところまで下らなければならない。その理由の一つは、粒子の反応のエネルギースケールにおいて、原子核反応（メガ電子ボルト）と、化学反応（電子ボルト）の間におよそ6桁もの隔絶があるためである。それは、同じ質量の物質が化学的に燃焼した場合と、原子核反応を起こした場合に放出されるエネルギーが桁違いであることを考えると実感できるかもしれない。

したがってここまで時代が下ってくると、原子核反応に代わり、我々にとってより身近な化学反応が起きることになる。だがその前に一足早く、素粒子レベルの反応ではなく、宇宙全体の性質についてある重要な変化が訪れる。それまで、宇宙のエネルギー密度においては光（電磁波あるいは光子）が卓越していた状態が、元素などの質量を持った「物質」が卓越する状態に転じるのである。

宇宙が膨張すると温度が下がるわけだが、温度とは粒子の平均運動エネルギーとも言える。光を光子の集合体と考えた時、光子の数は変わらないが、その平均エネルギーは温度とともに低下する。一方、元素合成以降は原子核や電子はその静止質量エネルギーが粒子の運動エネルギーよりはるかに大きい状態になっている。こうした粒子をまとめて、狭い意味での「物質」と呼び、光（電磁波）と区別している。これらの粒子は数が変わらないだけでなく、そのエネルギーも静止質量エネルギーで決まるので変化がない。

その結果、宇宙の膨張とともに物質のエネルギー密度は下がるものの、光のそれに対しては相対的に大きくなっていくことになる。壮絶な対消滅を生き残った陽子や中性子は、光子に比べわずか100億分の1の数になった。その時点で、これらのエネルギー密度も光子の100億分の1になった。ただしこれが物質のすべてではない。正体はよくわからないが、元素などの通常物質の約5倍という量の暗黒物質が存在することがわかっている。現代宇宙論の最大の謎の一つであるが、これについては第9章で詳しく触れることにする。

暗黒物質を加えたところで、物質のエネルギー密度が光子に比べて圧倒的に少ないということに変わりはない。だが、その時以来、物質のエネルギー密度は光子に比べてじわじわと増え続け、ついに宇宙誕生から約5万年後、光子を逆転するのである。一時は絶滅と言ってよいほどに激減した物質が、臥薪嘗胆《がしんしょうたん》の末に大逆転をするといったところであろう。

そしてこの逆転劇は宇宙の進化にも大きな意味を持つ。一般相対論によれば、宇宙の膨張の仕方は宇宙を満たす光や物質のエネルギー密度で決まる。そのエネルギーを主に担うのが光なのか物質なのかによって、エネルギー密度が宇宙の膨張とともにどう変化するかが異なる。つまり、物質が光を逆転したことで、これ以降では宇宙の膨張の仕方が変化するのである。それ以前は、宇宙の大きさは年齢の平方根に比例して膨張していた。これ以後は、大きさの3乗が年齢の2乗に比例するような形で膨張していくことになる。例えば、年齢が8倍になると大きさは4倍になるといった具合である。

さらに重要な変化がある。重力は引力なので、もし密度にわずかな非一様性、つまりゆらぎやムラがあると、密度の高いところにますます物質が集まり、ゆらぎの大きさが増幅されるという性質がある。光のエネルギー密度が物質より大きい状態では、光の持つ強い圧力によって、このゆらぎの成長が抑制される。しかし物質が光を逆転した後は、物質の重力によってゆらぎの成長が始まる。のちの銀河や銀河団につながる宇宙大規模構造の形成がここから始まるのである。

宇宙誕生後5万年でこの大逆転劇が起きた後、次に述べる「宇宙の晴れ上がり」が誕生後約40万年で起きている。１３８億年という宇宙の長い歴史で見ればほぼ同時期と言ってもいいようなタイミングで、この二つの重大な事件が相次いで起こったというのは興味深いことである。両者の間にはなにか関連があるのだろうか、と考えてみたくなる。だが結論から言うと、少なくとも現在の宇宙論の理解では、これは偶然である。

水素原子の誕生と宇宙の晴れ上がり

水素原子とは、水素原子核である陽子の周りを一つの電子が回っているシステムである。量子力学から計算される、その結合エネルギーは13・6電子ボルト。つまり、水素原子から電子を剥ぎ取って独立した陽子と電子にするには13・6電子ボルトのエネルギーがいるということだ。１電子ボルトは温度にして約1万度に対応するから、温度がこれより下がってくると陽子と電子が結合して水素原子となった方が熱力学的に安定となる。より詳しい計算によれば、その正確な温度は約３０００度であり、宇宙誕生後約40万年のことである。

この温度を境にして、それまでほとんどの陽子と電子はバラバラに存在していたのが、逆にほとんどの陽子と電子は結合した水素原子となってしまう。つまり束縛されていない自由な電子が突然、ほとんど失われてしまうのだ。これが宇宙における光の伝搬に重大な変化をもたらす。

そもそも光とはなんであったか。狭い意味での光は目に見える可視光線を言うが、より一般には電磁波と呼ばれるものである。電磁波は電場と磁場（まとめて電磁場）の振動が波として光速で伝わるものだ。電磁場は、電気や磁気の力を理解する上で基本的な概念である。例えばプラスの電荷を持つ陽子は、近くにある電子に電気的な引力を及ぼすが、これは陽子と電子が直接やり取りをしているわけではない。陽子が存在することで、その周囲には電場が生まれる。陽子に近い電子は、その電子の場所における電場を通じて力を受ける。これが、陽子と電子の間に電気的な引力が働く原因である。

この電磁場が波のように伝わるのが電磁波であり、電荷を持つすべての粒子と相互作用する。中でも、原子核に束縛されていない電子、「自由電子」は光が伝搬する上で特に大きな障害となる。光が電子にぶつかって散乱されるのだ。

このため、陽子と電子がバラバラに存在している時代には、光は豊富な自由電子に散乱されてまっすぐに進むことができない。だが温度が３０００度以下になり自由電子が激減すると、光はまっすぐに進むようになる。飛行機が雲の中にいると光が微小な水滴に散乱されて視界がきかないが、雲の外に出れば遠くが見えるようになるのと同じである。それでこの宇宙誕生から約40万年後の事件を「宇宙の晴れ上がり」と呼ぶ。

この時に宇宙を満たしている光は、現在に至るまでひたすら直進して我々に届くことになる。この時期から現在までに、宇宙の大きさは約1000倍になる。温度が3000度の光の波長はおよそ1マイクロメートル（1000分の1ミリメートル）だが、現在では絶対温度で2・7度、波長は1ミリメートルほどの電波となっている。これが、現在観測される宇宙マイクロ波背景放射というわけだ。すなわち、宇宙マイクロ波背景放射は宇宙誕生後約40万年の宇宙の姿を直接我々に見せてくれているということなのだ。

これより昔の宇宙は電磁波が直進できないので、少なくとも電磁波を観測手段とする限り、この宇宙の晴れ上がりの時代が直接観測できる絶対限界であり、その意味で宇宙の果てと言える。第1章で述べた通り、これは現在、455億光年彼方にある。電磁波で観測する限り、これが「観測可能な宇宙の果て」となる。

晴れ上がり以前を観測できない理由は電磁波が電子に散乱されるからであり、そのような散乱を受けず、かつ光速で伝搬するニュートリノや重力波を使えば、晴れ上がり以前の宇宙を観測できる可能性はある。これらが晴れ上がり以前の宇宙でも散乱されずに直進できるのは、物質との相互作用が弱いからである。これは初期の宇宙に迫る上で利点であると同時に、我々がこれをとらえるという時には難点となる。

重力波は2015年に米国LIGO（ライゴ）実験で検出されたが、それは連星ブラックホールが合体する際のものであった。ビッグバン由来の微弱な重力波をとらえるのはさらに格段に難しく、人工衛星による重力波検出が要求される。まだだいぶ時間がかかるだろうが、将来計画として検討が始められている。

すでに直接観測されている「晴れ上がりの時代の宇宙」はどのような姿をしているのだろうか？　宇宙マイクロ波背景放射はすでに述べた通り、どの方向から見てもほぼ同じ強度、温度でやってくる。それは宇宙が一様等方であることの証左である。だが、約1000分の1ほどの異方性があり、ある方向（しし座の方向）からやってくる場合に最も強度が強く、その反対方向（みずがめ座の方向）からは最も弱い。これは実は我々の住む地球が、宇宙全体の静止系に対して秒速約370キロメートルで運動しているからである。

「宇宙全体の静止系」と聞いてなにやら違和感を覚えた方は、とても良いセンスをお持ちだと思う。相対性理論の指導原理となった「相対性原理」は、物理法則は宇宙のどこでも、どのように運動をしている人にとっても、同じように書かれるものとする。物理法則を考える上で、それが成り立つ特別な場所や座標系などは必要ないのだ。では、「宇宙全体の静止系」とはどういうことか？

これは、宇宙に物質が存在することによって定義される座標系と考えればよい。物理法則はどの座標系でも同じなのだが、ビッグバンで誕生した宇宙には時空を満たす物質が存在する。宇宙のその場その場で、そこにある物質が止まって見えるような座標系が、「宇宙全体の静止系」である。その系から見れば、宇宙は一様等方なのだから、どの方向からも宇宙マイクロ波背景放射は厳密に同じ強度でやってくる。だが、地球がその系から見て運動しているために、地球が運動する方向からやってくる背景放射強度が強くなる。空気の中で運動している人が前方から向かい風を感じるのと全く同じである。

地球だけではない。地球が太陽の周りを公転する速度はたかだか秒速30キロメートルだから、太陽系全体が秒速370キロメートルで運動していることになる。太陽系は我々の銀河系の中で秒速220キロメートルで公転運動をしており、それを考慮すると、我々の銀河系は実に秒速550キロメートルの速度で宇宙の中をすっ飛んでいることになる。

この地球の運動の効果を取り除くと、宇宙の中の静止系で見た、真の宇宙マイクロ波背景放射が見えてくる（カラー口絵の図5－2）。そこには、方角による強度の違いはわずかに10万分の1しかない。ある場所の強度を10万（100,000）とすれば、別の場所の強度は10万1（100,001）程度ということだ。このわずかなムラが、検出器の誤差より大きい真のゆらぎとして検出されている。

この、一様だがわずかに10万分の1というレベルで密度がゆらいでいる世界が、宇宙誕生後40万年の姿である。この微小なゆらぎが、やがて重力で成長して現在の宇宙の豊かな大規模構造を作る種となるのである。

宇宙の密度ゆらぎの起源

物質と光の逆転によって重力による構造形成が始まり、直後の晴れ上がりの時点では、宇宙の密度のゆらぎはわずかに10万分の1程度である。しかしこれが、やがて星や銀河の誕生につながる、宇宙における天体形成の物語の始まりである。

だが、そもそもこの10万分の1の密度ゆらぎは宇宙の歴史のどの時点でどのように作られたのだろうか。現時点でははっきりと断定することは難しいのだが、多くの研究者が有力だと考えているのは、インフレーションの時代に量子力学的なゆらぎで作られたというものである。

インフレーションを引き起こすのはビッグバン以前の時代、正体は不明だがある素粒子の過冷却で生じるポテンシャルエネルギーであった。ところで、現在の物理学では万物は量子力学で記述されると考えられている。量子力学では、物理量は完全に一つの値に決めることはできず、ゆらいでいる。いわゆる、ハイゼンベルクの不確定性原理というものである。

インフレーションを起こす粒子のポテンシャルエネルギーもまた同様で、平均値の周りに必ずゆらぎを持つことになる。このポテンシャルエネルギーが通常の熱エネルギーに転化するのがビッグバンの始まりとなるわけだが、その際にポテンシャルエネルギーのゆらぎはそのままビッグバン宇宙誕生時のエネルギー密度のゆらぎとなって引き継がれる。そのゆらぎの大きさはインフレーションの性質に依存し、いろいろな値をとりうるが、我々の宇宙では10万分の1となっている。

宇宙の密度ゆらぎがどのような性質を持っているかを調べる上で、その波長ごとに分けたゆらぎの強さを見るという方法がある。ゆらぎが空間方向に波打っていると考えて、その波の波長を考える。波長が長いということは、場所に対してゆったりと密度が変化することで、逆に短いと小刻みに変化する。

現実の宇宙の密度ゆらぎには、様々な波長のゆらぎが混ざっている。これは音で考えるとわかりやすい。音の波長は音程に対応し、波長の短い音波ほど高い音として聞こえる。だが、純粋に一つの波長で表される音は稀であり、我々が耳にする多くの音や音色は、様々な波長の音が混ざりあったものである。

したがって宇宙の密度ゆらぎの性質を調べるには、どの波長のゆらぎがどのように混ざりあっているかを見てみるとよい。様々な観測データによれば、宇宙の初期に仕込まれた密度ゆらぎは、極小から極大の何桁にもわたる幅広い波長範囲の中で、ほぼ一定の強さのゆらぎが混じりあっているようなのだ。つまり、銀河よりずっと小さなスケールから、現在の宇宙の地平線よりずっと大きなスケールまで、どのスケールで見ても、宇宙初期のゆらぎの大きさは約10万分の1であったと考えてよさそうなのだ。

実はこの性質が、ゆらぎの起源がインフレーションであると考える大きな根拠となっている。インフレーションの時代において、情報を光速でやり取りできる範囲は、インフレーションが起きた時の宇宙の年齢に光速をかけた程度の長さである。具体的な値はわからないが、とにかく今の宇宙の大きさに比べればべらぼうに小さな値であることは間違いない。密度の量子ゆらぎはこの範囲内の物理過程でまず生成される。だが、インフレーション中に宇宙はねずみ算式の急激な膨張を続けているので、生成されたゆらぎはすぐに引き伸ばされ、生成時の波長よりはるかに長い波長のゆらぎとなる。

インフレーションの間、このように生成されては引き伸ばされるというプロセスが同じように繰り返される。そのため最終的に出来上がる密度ゆらぎは、何十桁にもわたるスケールで、様々な波長のゆらぎがほぼ同じ強さで混じりあったものになるのだ。それは、現在の宇宙の観測データから推定される宇宙の密度ゆらぎの初期状態と非常によく一致している。もちろん、これだけで密度ゆらぎの起源はインフレーションだったと断定することはできないが、少なくともこの観測事実をこれほどうまく説明できる他の仮説は存在しない。

宇宙の大規模構造の誕生

構造形成の主役となる物質の中で、ビッグバン元素合成で作られた水素やヘリウムは、小さな割合に過ぎない。すでに述べたように、元素よりざっと5倍程度多く存在する、正体不明の暗黒物質こそが物質の主成分である。暗黒物質の重力により、物質が集まっているところには物質がさらに流れ込み、密度の高いところはますます高く、低いところは低くなっていく。やがて高密度の領域の中でも中心へと物質が集中し、重力で束縛された塊となる。ここまでくれば、これは天体と呼んでいい。

星が生まれて光で見えるようになるのはまだ先であるが、主に暗黒物質で作られたこのような天体を暗黒物質ハローと呼ぶ。ハローとは、有名なザビエルの肖像など、西洋の聖人画に描かれる、背後の後光のことである。転じて、銀河の中で目に見える星々の周りにほぼ球体状に暗黒物質が広がるさまを、天文学ではハローと呼んでいる。人間ではハローをまとう人はごく一部の偉い人であるが、銀河の場合はごく普通の、凡人ならぬ凡銀河でも必ずハローを持っている。

重力が働く限り、ハローの中の物質はどんどん中心に落ち込んで、中心部は無限に密度が高くなっていくと思うかもしれない。だが現実にはそうはならない。日常感覚でもわかる通り、重力に引かれて物が落下すると、落下物は落下速度を獲得する。物理学の用語で言うなら、重力のポテンシャルエネルギーが運動エネルギーに転化したということだ。ハローの形成の過程で、物質が中心に向かって落ちていけば、その分だけ物質は運動速度を高めていく。四方八方から物質が降ってくるため、やがてハローの中に存在する物質粒子がそれぞれランダムでバラバラな方向に運動している状態になる。

この運動が、重力に対する反発効果を持つ。この二つの作用が釣り合ったところで、ハローは安定に存在できるようになる。我々の銀河系も巨大な暗黒物質ハローに包まれているが、そのような比較的安定な状態になっていると考えられている。

初期の密度ゆらぎの強さはどの波長スケールで見ても同じであった。だが、情報がやり取りできる地平線は時間とともに広がっていくから、小さなスケールのゆらぎほど早く地平線の中に入ってくることになる。そのため、小さなハローほど先に形成されることになる。これらのハローにさらに周囲の物質が降りつもったり、あるいはハロー同士が合体したりして、さらに大きなハローへと成長していく。こうして銀河より小さいものから、数千の銀河が密集した銀河団に至るまで、様々なスケールにわたる宇宙の大構造が出来上がる。小さなものから大きなものへ階層的に進むため、階層的構造形成とも呼ばれる。

初代星の誕生

暗黒物質を主成分とするハローができても、それで直ちに銀河ができるわけではない。なんと言っても銀河の基本的な構成要素は星である。星は暗黒物質ではなく、主に水素とヘリウムからなる通常物質でできている。物質の相としては気体（ガス）なので、ハロー中の通常物質を単にガスと呼ぶこともある。日常生活ではガスというと燃料に用いられるプロパンガスなどを指すが、英語のgasは一般的な気体という意味も持っている。星が生まれるためには暗黒物質だけでなく、通常物質のガスもまた重力で引き寄せられて集積する必要がある。

暗黒物質は自らの圧力を持たないと考えられているため、物質と光の逆転以降、すぐに自らの重力で密度ゆらぎを増幅させることができる。しかし通常物質は、宇宙の晴れ上がりまでは光と密接に相互作用しているため、光と同じ高い温度を保ち、それに由来する高い圧力を持っている。この圧力が重力に反発するために、暗黒物質ハローが形成されても通常物質ガスはすぐにはそのハローに落ち込むことができないのである。

だが、やがてガスの温度が低下し、大きな天体で重力が強大になるにつれて、圧力に重力が打ち勝ってガスもハローに取り込まれるようになる。宇宙誕生後およそ1億年、宇宙の大きさが現在の30分の1程度の頃のことである。その時のハローの質量はおおよそ太陽の1000から1万

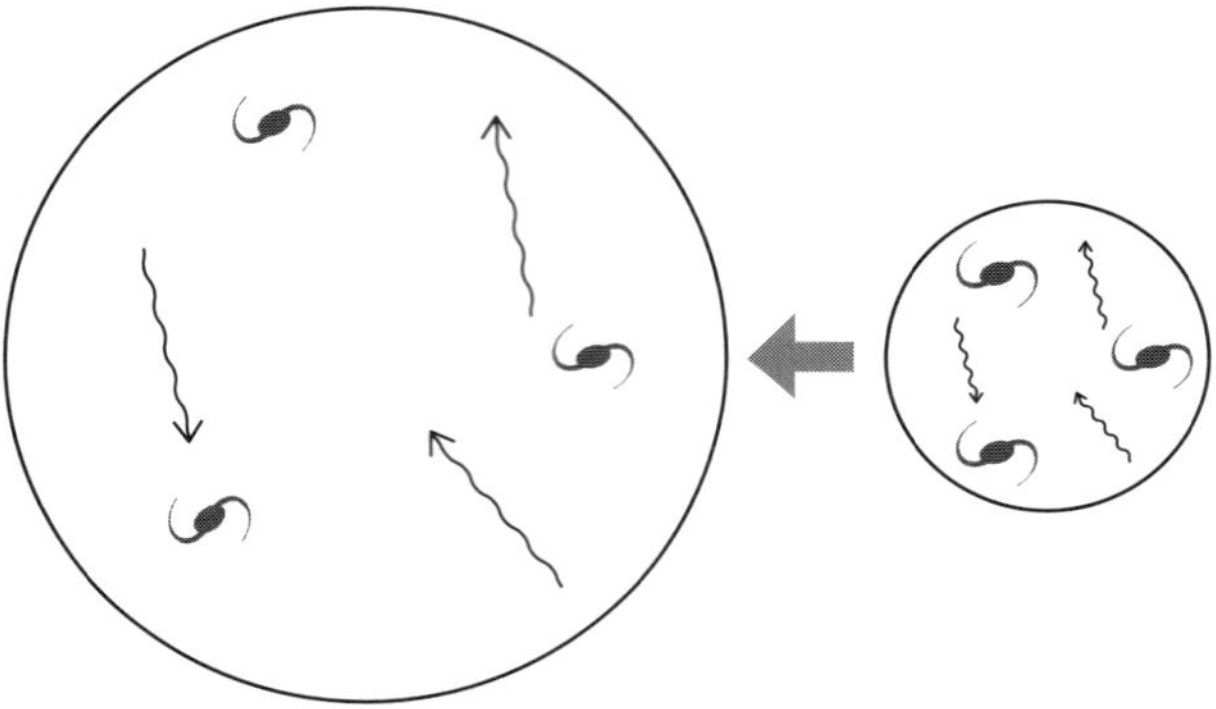

図5-3　膨張する宇宙における光の伝搬
光の波長は、宇宙の膨張に比例して長くなっていく。これが赤方偏移の原因となる。

倍といったところで、これらがいわば、のちに誕生する星や原始銀河の卵のようなものと言える。

ここで、以後頻繁に出てくる赤方偏移の定義を説明しておこう。宇宙を伝搬する光は、宇宙の大きさに比例してその波長が長く（赤く）なる（図5－3）。天体からの波長が（$1+z$）倍に伸びて観測された時、zをその天体の赤方偏移と定義する。その光が天体を旅立った時、宇宙の大きさは（$1+z$）分の1であったことになる。

ある天体からの光の赤方偏移zが大きいほど、その天体までの距離は大きくなり、また、より昔の天体を見ていることになる。つまり、zは距離の指標であると同時に、時間の指標でもあるのだ。現在は$z=0$である。天体までの距離を直接測定するのは難しいが、赤方偏移は観測によって容易に測定することができる。この理由で、天文学では銀河系外の天体までの距離を赤方偏移で表すことが多い。

つまり、原始銀河の卵となる暗黒物質ハローが最初に登場するのが、赤方偏移で言えば$z=30$程度という時代になる。だが、それですぐに星が生まれて銀河が作られると考えるのは早計である。暗黒物質と同じように、ハローに落ち込んだガスも重力エネルギーが熱エネルギーに転化し、熱に起因する圧力により安定化する。このままではそれ以上の進化が起きない。

次に起こる進化のカギとなるのは冷却である。星を作って銀河へと進化するためには、さらにガスを高密度に縮めていく必要がある。それを妨げている圧力、そしてその元となる熱エネルギーを外に捨てて、ガスを冷やさなければならないのだ。一般的に、通常物質のガスはなんらかのプロセスにより外に向かって電磁波を放射する。その電磁波はエネルギーを外に持ち去るので、ガスの冷却として働くのだ。これを放射冷却という。

原始銀河の卵となるハローに取り込まれたガスの主成分は水素であり、その温度はざっと1000度から1万度といったところである。そのようなガスは水素分子や水素原子が放出する電磁波によって冷えていく。

冷えたガスは重力によってハローの中心部に落ち込み、密度を高めていく。ここで少し奇妙なことが起こる。我々の日常生活の感覚では、物体からエネルギーを抜き去れば、その温度は下がるというのが常識である。だが、重力によって閉じ込められたガスではその常識が通用しない。

高いところから落としたボールが重力によって運動エネルギーを獲得するように、ハロー中心部に落ちたガスもエネルギーを獲得する。そのエネルギーは放射で失ったものを上回り、結果としてガスはさらに高温になるのだ。「エネルギーを抜くと温度が上がる」、これは重力で束縛されたシステムに特有の現象である。

こうしてハローの中心部ではガスが温度と密度を高めていく。このプロセスは、中心部でなんらかのエネルギーが新たに発生し、放射によるエネルギー損失とバランスが取れるまで続くことになる。このエネルギー源が、核融合反応である。中心の温度が太陽の中心部と同様、1000万度といった高温に達すると水素原子核が合体を始め、最終的に四つの水素原子核が合体してヘリウム4原子核となる反応が起こるようになる。恒星の誕生である。かつて宇宙誕生後最初の数分で起きた反応が、星の中で起こるようになったのだ。

ただし、酸素や鉄といった重元素が含まれる現在の星と異なり、宇宙で最初に誕生した初代星は水素とヘリウムしか含まない。現在の星に含まれる重元素は重量にしてわずか2パーセントであるが、それでもガスの冷却やガス中の光の伝搬などに大きな影響を与える。そのため、初代星の質量は現在の恒星とはだいぶ異なると予想される。コンピュータシミュレーションを用いて精力的に研究が行われているが、その結果によれば初代星の質量は太陽の数十から数百倍という大きなものだったと言われている。

もしこれが事実なら、少々残念なことである。初代星の中で現在まで生き残っているものがあれば、我々の銀河系の中、あわよくば太陽系の近くにも、重元素を全く持たない初代星の生き残りが存在しているかもしれない。そのようなものを見つけることができたら、素晴らしいことだ。だが、恒星は重いものほど明るく、核融合の燃料を短時間で使い果たしてしまう。太陽の80パーセント程度以下の質量の星なら、現在の宇宙年齢である138億年より長い寿命を持つ。しかし太陽の10倍の質量の星の寿命はわずか3000万年程度である。

初代星の質量が太陽よりずっと重いのであれば、宇宙初期に生まれた初代星はとても現在まで生き残ることができない。超新星爆発を起こしてブラックホールになってしまうと予想される。このような事情から、初代星を身近に見つけるということはなかなか難しいだろうというのが多くの研究者の見方である。もちろん、初代星の質量にはばらつきもあるだろうから、数多くの初代星の中には現在まで生き残るほど質量の小さいものもあるかもしれない。だが、銀河系内の恒星の精力的な探査にもかかわらず、今のところそのような星は見つかっていない。

暗黒時代の終わり

このようにして、赤方偏移z＝30程度、宇宙年齢が約1億年の時代に初めて恒星が誕生したと考えられている。宇宙を電磁波で観測する場合、宇宙誕生後40万年の時代である宇宙マイクロ波背景放射が観測されている。その後しばらくは電磁波を放つ現象がないため、観測することができない時代が続く。やがて恒星が誕生し、多数の恒星を含む銀河ができてくると、それらを使ってその時代の宇宙を直接観測することができるようになる。それで、この宇宙の晴れ上がりから初代星誕生までの観測が難しい時代を「暗黒時代」と呼んでいる。

西洋史では西ローマ帝国の滅亡（5世紀）からルネサンス（14世紀）までのおよそ1000年にもわたる時代を暗黒時代と呼ぶそうだ。ギリシャ・ローマ以来の偉大な文明の発展が戦乱や社会の乱れなどで停滞したと考えられているからだ。宇宙論における「暗黒時代」もそれにならって名付けられたのであろう。だが、宇宙における暗黒時代は必ずしも停滞の時代というわけではない。物質が光を逆転し宇宙が晴れ上がったのち、わずかな密度ゆらぎは着々と重力によって成長していた。のちの初代星誕生の下地を作った時代と言える。

そして初代星の誕生からほどなく、「宇宙再電離」という現象が起きたと考えられている。宇宙に存在する水素は、かつて陽子と電子がバラバラ、つまり電離した状態から、晴れ上がりの際に中性水素原子になった。だが実は、現在の宇宙の銀河間空間に存在する水素ガスは再び電離していることがわかっている。おそらくは宇宙誕生後5億年前後に、初期の星々が放つ紫外線で電離されたと考えられている。いわば、「宇宙が電離した水素で満たされていた」という晴れ上がり前の物理状態が「復興（ルネサンス）」したとも言える。その意味では、宇宙再電離をもって宇宙の暗黒時代の終わりとするのはなかなか洒落ているのかもしれない。

直接的な観測手段がないという観点で言えば、暗黒時代は我が国の歴史における邪馬台国とヤマト王権の間の時代にも例えられるだろうか。3世紀の『魏志倭人伝』に直接的な記録が残る邪馬台国と、確実な歴史が判明しているのは6世紀以降であるヤマト王権の間の時代には信頼できる史料がなく、両者の関係ももどかしい論争が続いていると聞く。ただ、直接的な観測データがないのは同じとはいえ、晴れ上がりの時代から初代星誕生までにどのような現象が起こったか、そのおおまかな筋書きは研究者の間でほぼ確立している。その意味では、我々は日本古代史に比べればはるかによく宇宙の暗黒時代を理解していると言えるだろう。

暗黒時代が終わり、天体が誕生することで、我々の天文観測で手が届く宇宙になったと言える。事実、最新の望遠鏡による最遠方天体探査はこの時代にまで迫っている。それは、天体観測によって自らの知見を広げてきた人類の「知の宇宙の果て」と言える。そこで次章からは視点を変えて、我々の近傍から人類がどのように宇宙観測の果てを広げてきたのかを見ていきたいと思う。

第6章

星と銀河の物語

銀河系の外に広がる宇宙

人類が、我々の住む銀河系の外側にも同じような銀河が多数あることを認識し、しかもそれらが宇宙膨張によって遠ざかっていることを知ったのは１９２０年代のことだから、まだ１００年も経っていないことになる。

銀河系を出てその外の宇宙を観測した時に見えるのは、広大な宇宙空間に浮かぶ無数の銀河である。望遠鏡で夜空を観測すると、望遠鏡の角分解能では分解できずに「点」にしか見えない天体と、ぼうっと広がった天体に分かれる。前者のほとんどは、銀河系の中に浮かぶ恒星である。ごくたまに、星のように点状であるが実は宇宙論的な遠方にあるクェーサーという天体が混じっている。そして後者は、星団や惑星状星雲などの銀河系内の天体もあるが、そのほとんどは銀河系の外にある遠くの銀河である。

これから、人類の認識する宇宙がどのように銀河系の外に広がっていったかを見ていくが、その前に「そもそも銀河とはどのようなものだろうか？」ということを説明しておかなければならない。

銀河とはなにか

この問いに対する最も一般的な答えは、「銀河とは星の集合体である」というものだろう。確かにそれは間違ってはいないし、特に、可視光線で銀河を見た時はそれ以上の何物でもない。だが、宇宙初期に銀河を作る材料は暗黒物質と通常物質（バリオン）のガスしかなかった。これらが星を生み、さらに多数の星が集まった銀河を生んだ母体である。当然のことながら、現在の銀河にも暗黒物質やバリオンガスが存在しているのだが、可視光線では見えないだけのことなのだ。一つの波長の電磁波だけで物事を見ても、その本質と全貌はわからない。

とはいえまずは、我々の目に見える星の集団としての銀河の特徴をおさらいしておこう。よく知られているように、我々の銀河系は渦巻き銀河と呼ばれるタイプで、中心部にはバルジと呼ばれる球状の星の集まりがあり、その周りにディスクあるいは円盤部と呼ばれる円盤状の星たちの集合が回転している。円盤の中で星は渦状腕《かじょうわん》と呼ばれる美しい渦巻き模様を作る。バルジ領域では最近の星形成活動がなく、年齢が数十億年以上といった古い星々が多い。一方ディスクには豊富な星間ガスも存在し、現在でも活発に星間ガスから星が生まれ続けている。

我々の銀河系が属する渦巻き銀河は銀河のタイプとして代表的なものであるが、他にも様々なタイプや大きさの銀河が存在する（図6－1）。楕円銀河は、渦巻き銀河からディスクを取り除いて楕円体のバルジだけになったような銀河である。このタイプには非常に巨大なものもあり、我々の銀河系の10倍以上の質量を持つものもある。楕円銀河にも渦巻き銀河にも属さず、形が崩

図6-1　様々なタイプの銀河
左上から時計回りに、真上から見た渦巻き銀河（M101）、真横から見た渦巻き銀河（NGC 4565）、楕円銀河（M87）、不規則銀河（アンテナ銀河）。
（Image credit　M101：NASA, ESA, K. Kuntz, F. Bresolin, J. Trauger, J. Mould, Y. H. Chu, STScI, CFHT, J. C. Cuillandre, Coelum, G. Jacoby, B. Bohannan, M. Hanna, NOAO, AURA, NSF、NGC 4546：Ken Crawford、M87：国立天文台、アンテナ銀河：NASA, ESA, the Hubble Heritage Team (STScI/AURA), ESA/Hubble Collaboration）

れた不規則銀河も存在する。また、我々の銀河系より100倍も小さいような矮小銀河も知られている。南半球に行くと夜空に雲のように見える大小二つのマゼラン雲は、銀河系がその周囲に従えている矮小銀河の一つである。

ぱっと目に見える星の集団としての銀河の性質はだいたいこんなところであるが、その星々の細かな運動を解析すると、目に見えないより巨大な存在が明らかとなる。星の運動を決めているのは重力であり、重力を決めるのは銀河内に存在する物質の総質量である。したがって星の運動を解析することで、銀河の中にどれだけの物質がどのように分布しているかがわかる。そのような研究から、どうも星として光っている質量よりはるかに大量の「光らない物質」があることがわかってきた。

このことに最初に気づいたのは1934年、フリッツ・ツビッキーという米国の天文学者だった。ただしそれは銀河の中の星の運動ではなく、銀河が集まった銀河団の中の銀河の運動であったのだが、理屈は同じである。彼はそれを「暗黒物質」と名付けた。その後、銀河の中の星やガスの運動、特に銀河円盤の回転速度を調べると、銀河の中心から離れるにつれて光っている星の数は減っていくのに、重力を発揮する物質はそれほど減らず、銀河の端の方では星よりもざっと10倍もの質量を持つ「光らない物質」があることがわかってきたのである。これが、前章で述べた「暗黒物質ハロー」を人類が認識した瞬間であった。

現在では、宇宙に存在する様々な銀河はすべて、この暗黒物質のハローの中にあることがわかっている。とはいえ、暗黒物質は直接見えたわけでも実験でとらえられたわけでもない。星の運動と重力理論から見えない物質を推定しているに過ぎない。となると、暗黒物質などはまやかしで、実は我々の持つ重力理論が、銀河や星には適用できないということなのではないか？　そのように考える人がいても不思議ではない。いやむしろ、そのような可能性を疑うことは科学的に全く健全なことだとすら言える。

だがこの方向性はうまくいったとは言いがたい。現代の精密観測により測定された、銀河の中の星の運動も、銀河団の中の銀河も、さらにはもっと大きな宇宙の大規模構造も、すべて暗黒物質を仮定すると綺麗に説明できてしまう。一方、重力理論を変更することでこれらを説明する試みは数多く行われたが、銀河から大規模構造にわたる様々なスケールで矛盾なく重力理論を変更することに成功した例はない。そのため、現在の研究者の間では暗黒物質仮説の方が圧倒的に優勢である。もちろん、最終的な存在証明には将来の実験や観測による暗黒物質の検出が不可欠である。

星間空間にはなにがあるのか

さて、星と暗黒物質ハローだけで銀河というものをわかった気になってはいけない。星と星の間の星間空間を見れば、まだまだ様々な登場人物が活躍している。まずはなんと言っても星間ガスである。その主成分は宇宙の通常物質と同じく、水素とヘリウムである。この星間ガスがなにかの拍子で集まり、重力で圧縮されると星ができるのだから、すべての星の母体とも言える。

その星間ガスの大半は、水素が原子（つまり陽子と電子の結合体が1粒子で孤立したもの）の状態で存在し、その密度は1立方センチメートルに水素原子1個ほどというものである。地球の大気に比べれば10の20乗分の1ほども薄い超真空である。だが星間ガスには実に様々な相が存在する。例えば、星が生まれるような領域は普通の星間空間より100万倍も密度が高く、絶対温度で10度（摂氏で言えばマイナス263度）という極低温である。そこでは水素は理科の実験で出てくる水素ガスと同じく、2個の水素原子が結合した水素分子の状態になっているので、分子雲と呼ばれる。一方、銀河系のハロー領域を満たしているのは温度が100万度にもなる高温で密度の薄いガスである。

その星間ガスの中には、星間塵《せいかんじん》と呼ばれる粒子が混じっている。炭素や酸素、ケイ素、鉄などの重い元素を主成分とする微粒子で、その大きさは0・001マイクロメートルという分子レベルのものから1マイクロメートルほどのものまである。宇宙初期には水素とヘリウムしか存在しなかった星間ガスの中で、星が生まれて核融合で重元素を合成し、超新星爆発などを通じて重元素が星間ガスに戻される。こうして増えてきた星間ガス中の重元素が、化学反応で結合したのが星間塵である。これらの成分は地球上の岩石や小惑星のようなもので、実際、太陽系の中の小惑星や、我々の地球など岩石型惑星の原料になったと考えられている。量としては結構なもので、星間ガス中の重元素の半分程度はこの星間塵の形で存在している。

これらの星間塵は、実は天文学的には少々厄介なシロモノである。なぜなら、星や銀河からの光が我々に届くまでに、その光を吸収したり散乱したりするので、我々に届く光を弱めてしまう。短波長、つまり青い光ほど吸収・散乱が大きいため、天体の色は本来のものより赤くなって見える。身近な例で言えば、夕日が赤いのも太陽が地平線付近にあってより多くの大気を通過してくるために青い光が散乱されることが原因である。裏を返せば、太陽の光が散乱されて角度が変わり、太陽とは違う方向から我々の目に飛び込んでくるのが日中の空の色である。青い光ほど散乱が強いので、空が青く見えるというわけだ。

そして星間空間の中には磁場が存在している。磁石の周りの砂鉄でその存在が見て取れる、あの磁力線である。どれくらいの磁場かというと、ざっと1ガウスの100万分の1程度である。と言ってもピンとこないかもしれない。肩が凝った時に貼るピップエレキバンの磁場が1000ガウス程度である、と言えば少しは実感が湧くだろうか？　ちなみに地球自体が巨大な磁石であるが、方位磁針を動かす地磁気はだいたい1ガウス程度である。

そして星間空間における最も過激な存在が、宇宙線と呼ばれる高エネルギー粒子である。陽子の静止質量をエネルギーに換算するとほぼ1ギガ電子ボルトである。我々の身の回りの物質中の陽子は光速よりずっと小さな速度で運動しており、その運動エネルギーは1ギガ電子ボルトよりはるかに小さい。運動速度が光速に近づくと、運動エネルギーは1ギガ電子ボルトに近くなってくる。そして運動エネルギーが1ギガ電子ボルトよりずっと大きいと、これは静止質量エネルギーがほとんど無視できるということだから、そのような粒子は光子に近い存在であり、その速度もほぼ光速となる。

銀河系内ではこのようなほぼ光速の宇宙線陽子が、だいたい一辺10メートルの箱に1個ほどの数で飛び交っている。この宇宙線の粒子エネルギーは恐ろしく高いところまで達していて、観測されている最高エネルギーはたった一つの粒子で1ギガ電子ボルトの1000億倍、10の20乗電子ボルトに及ぶ。そのような粒子の数密度は極めて低くて、ざっと一辺1000キロメートルの箱の中に一つ程度である。

このエネルギーは我々に馴染み深いカロリーに換算すれば約4カロリーとなり、時速50キロメートルの野球のボールが持つ運動エネルギー程度である。こう書くとたいしたことのないように思えるが、通常、我々が見るマクロな現象は、10の20乗個を超える多数の原子や分子の集団によるものだ。わずか一つの粒子がこのマクロなスケールのエネルギーを持つというのはやはり途方もないことである。

一般に、温度が高ければその物質中の粒子の平均的なエネルギーは高くなる。だが、宇宙線の粒子のエネルギーの高さはもはや温度などというものでは説明できない。実は温度というのは、物質中の様々な粒子同士の反応が頻繁に起き、安定で定常的な状態にあって初めて定義できるものである。これを物理学では熱平衡という。温度というものを物理的に定義するのは実はなかなか難しいのだ。

かつて東大の物理学専攻での大学院入学試験における面接において、「温度とはなんですか?」という試問を受けた受験生がいるという。冗談のような話にも聞こえるが、突然そう聞かれてすらすらと物理的な温度の定義を言える学生は、物理を本当によくわかっていると言える。実は物理学では温度より先にまずエントロピーという量を定義して、その上で温度というものが定義されるのであるが、この話題はこれくらいにとどめておこう。

これほどの高エネルギー粒子が一体どこで作られているのだろうか。こうした粒子は、爆発で飛び散った物質が音速をはるかに超える猛スピードで周囲の物質に衝突する際に生じる「衝撃波」において生成されると考えられている。ざっと10万ギガ電子ボルトぐらいまでの比較的低エネルギーの宇宙線は、後で説明する超新星爆発の後に残された超新星残骸で作られていると考えられている。爆発で飛び散った物質が周囲の星間物質とぶつかって衝撃波を作るのである。だが、それより高いエネルギーの宇宙線の起源は未だに宇宙物理学上の大きな謎として残されている。

このように、一見なにもないように見える星と星の間の空間には様々なものが存在している。そして面白いのが、これらはそれぞれが無視できない存在として銀河の進化に一役買っているということであろう。例えばエネルギー密度で言えば、星間ガスも、磁場も、宇宙線も、驚くほど似たような値を持つ。これはすなわち、これらが相互に影響を及ぼしながら存在していることを示している。星間ガスが冷えて星を生むが、その星々が逆に光や超新星爆発で星間ガスを加熱する。星間ガスの運動は磁場に大きく影響され、飛び交う宇宙線は磁場に絡みついて運動することで相互に影響を及ぼす。光では一見なにも見えない星間空間では、このように複雑で多様な現象が起きているのである。

銀河中心の超巨大ブラックホール

最後にもう一つ、銀河の中の構成要素として重要なものを説明しておかねばならない。我々の銀河系の中心に居座るバルジのさらにそのど真ん中に、なんと太陽の３００万倍という途方もない質量を持つブラックホールがあることがわかっている。ブラックホールの近くにあるいくつかの星が、10年ほどの周期でブラックホールを中心にして公転していることが観測されているのだ(図6-2)。これらの星のブラックホールからの距離は太陽と地球の間の距離の４００倍、太陽

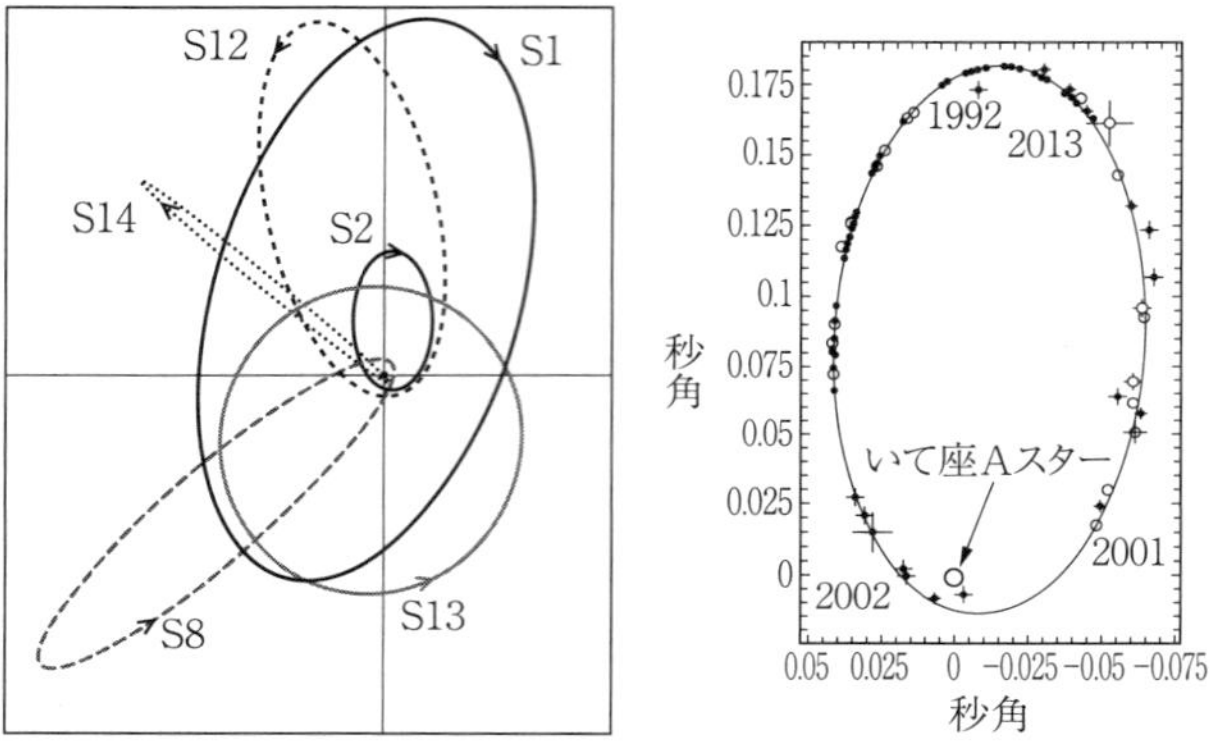

図6-2　銀河系中心のブラックホールの周りの星の運動
左図には、6つの星の楕円軌道を示している。右図には、そのうちS2の星の位置の観測データを示している。1992年から2013年の間にほぼ一周したことがわかる。「いて座Aスター」が銀河系中心のブラックホールで、1秒角は3600分の1度である。（左：Eisenhauer et al. 2005、右：Schödel et al. 2002の図から作成）

と冥王星の間の距離の10倍であるが、その公転速度は秒速1000キロメートルを超える。地球の公転速度の30倍である。これから中心のブラックホールの質量が割り出せるのだ。

ブラックホールとは一般相対性理論から予言されるもので、どんな物質でも、ある小さな領域に閉じ込めて超高密度にすると、ブラックホールになるとされる。例えば太陽なら、それを半径3キロメートル以内に押し込めてしまうと、ブラックホールになるはずである。

地球脱出速度という言葉を聞いたことがあるだろうか。地表から天に向かって物体を打ち上げた場合、それが地球の重力を振り切って宇宙に飛び出すのに最低限必要な速度で、秒速11・2キロメートルである。この脱出速度は、星の質量が大きいほど、また、半径が小さいほど速くなる。太陽を半径3キロメートルの大きさに押し込めた時の脱出速度は、ちょうど光速、つまり秒速30万キロメートルとなる。したがって3キロメートル以下に押し込めたら、もはや光であっても重力を振り切って脱出することができなくなってしまう。これが、一度吸い込まれたら二度と出てこられないブラックホールというわけである。

後で述べるように、太陽より数十倍も重い星が死ぬ際に、太陽の10倍程度の質量のブラックホールが形成されると考えられている。そのようなブラックホールは銀河系の中にうじゃうじゃと、ざっと1億個程度は存在していると推測されている。むろん、光を出さないブラックホールは観測できないので、これは推測である。だが、中には普通の星と連星を組んでいて、相手の星からはぎ取られたガスがブラックホールに吸い込まれる際にX線などで明るく輝くものがある。ブラックホールに吸い込まれたら光は出られないが、吸い込まれる直前のガスは重力エネルギーを使って明るく輝くのである。そのような形で観測されているブラックホールが銀河系内にざっと数十個ほどある。

だが、銀河系の中心にあるブラックホールはそのような恒星の質量スケールを5～6桁も上回るモンスターである。そして驚くことに、どうやらバルジを持つようなある程度立派な銀河には、常にその中心にこうした超巨大ブラックホールがあることがわかっている。その質量はバルジの星質量のざっと1000分の1程度である。実は我々の銀河系の中心にある300万太陽質量のブラックホールはそれらの中ではむしろ小物である。銀河系よりずっと巨大な楕円銀河の中心には、実に太陽の10億倍の質量に達する超巨大ブラックホールも見つかっている。

そしてこれらのブラックホールもまた、星間ガスを吸い込む時に明るく輝くことがある。そのような銀河は中心核に明るい活動性を示すので、活動銀河中心核（active galactic nucleus の頭文字を取り、AGN）と呼ばれる。そのような銀河は全銀河中のざっと1パーセント程度である。このAGNの中でも最も明るい種族がクェーサーと呼ばれるもので、のちに触れるように、最遠方の宇宙を探索する上で重要な天体となっている。

では、そもそもそのような超巨大ブラックホールはどのように形成され、銀河の中心に居座っているのだろうか。これが実はよくわかっていない。銀河形成進化の研究における最大の未解決問題と言ってもよい。恐らくは、銀河形成の初期に恒星スケールのブラックホールを種として誕生し、そうしたブラックホールが銀河の中心に集まり、時に合体し、あるいは星間ガスを吸い込んで太りながら、現在の大きさにまで成長したのであろう。これを観測的に明らかにしていくことは今後の天文学の一つの大きなテーマである。

銀河間空間にはなにがあるのか

それでは、銀河の中の星間空間ではなく、銀河系の外、つまり宇宙に散らばる銀河と銀河の間の空間はどうなっているのだろうか。これを銀河間空間と呼んでいる。可視光で見てもなにも見えないし、星間空間よりさらに空っぽという印象を持つ人が多いだろう。確かに、銀河内の星間空間よりさらに密度が低いというのは正しい。だが宇宙において、銀河間ガスとして存在する物質の量が、銀河の中に存在するものに比べてずっと少ないというのは全くの間違いである。

現在の宇宙に存在するべき全バリオン物質の平均密度は、ざっと10立方メートルあたりに水素原子が2個程度といったところである。典型的な銀河内の星間ガスの密度に比べてさらに1000万倍も薄いことになる。このバリオン密度はどうやって見積もったのだろうか？　直接観測することは実は難しくて、まだできていない。だが、ビッグバン元素合成や宇宙マイクロ波背景放射の精密観測によって、宇宙初期にどのような粒子反応が起きてきたかはよくわかってきている。そこから高い確実性を持って、現在のバリオン密度をはじき出すことができるのだ。

一方、銀河の中に存在する星やガスの質量から、銀河の中に取り込まれた物質量を見積もることができる。すると、銀河の中の星や星間ガスは、宇宙に存在するべき全バリオンのざっと10分の1程度にしかならないのである。では、残りの90パーセントのバリオン物質は今、どこにあるのか。それは銀河間に漂う希薄で高温のガスとして存在すると考えられている。宇宙の膨張で温度が低下するのだから、銀河間ガスは非常な低温になっているのではないかと思われるかもしれない。だが、重力によって宇宙大規模構造の形成が進み、重力エネルギーがガスに与えられるため、典型的な銀河間ガスの温度は現在1000万度にもなっていると予想されている。

星々の生涯――誕生から主系列段階まで

初代の星や銀河の形成に始まって、現在のように様々な銀河が存在するようになるまで、銀河の形成と進化の歴史について説明をしたいのだが、その前に銀河を構成する最も代表的な成分である恒星について簡単に説明しておかなければならない。正確には恒星と呼ぶべきだが、以下では単に星と呼ぶことにしよう。

星間ガスが収縮して、やがて中心部で核融合反応が始まるのが恒星誕生の瞬間であった。最初の核融合反応は水素をヘリウムに燃やすもので、これにより安定に輝いている星を主系列星と言う。恒星は一生のほとんどをこの状態で過ごす。太陽なら約100億年である。

ちなみに、太陽がどうしてこのような長期間にわたり安定して輝くことができるのかというのは長年の謎であった。そのエネルギー源が核融合であると判明したのは20世紀に入って原子核物理学が発展したからである。それ以前に人類が考えつくエネルギー源といえば、モノが普通に燃える、つまり化学的な燃焼反応か、あるいは重力エネルギーぐらいしかなかった。だが化学的燃焼反応で今の明るさを維持できるのはわずかに2万年程度、重力エネルギーでもせいぜい数千万年になってしまう。地質学的に太陽が少なくとも数十億年以上の年齢を持っていることは明らかだったから、これは大変な難問だったのだ。人類文明発祥以来、いや生命発生以来の長きにわたりお世話になっている最大のエネルギー源を人類が理解したのはたかだか100年前ということになる。

主系列星には様々な質量があり、下は太陽質量の0・08倍から、上はざっと100倍にも及ぶ。星が誕生する際は、小質量の星ほど数多く生まれることが知られている。重い星ほど明るく、温度が高い（色が青い）。太陽は表面温度が約6000度で色は黄色だが、それより軽い星は低温で赤い色をしている。一方、例えば太陽より10倍重い星は、太陽の1万倍も明るく、温度は2万度もあって青く見える。そして、重たい星ほど寿命が短い。星の寿命は、主系列星の核融合エネルギーの原料である水素を使い果たす時間と考えられる。太陽より10倍重い星は燃料も10倍ぐらいあると考えられるが、1万倍明るいということはエネルギーの燃焼効率も1万倍高く、結果として1000分の1の時間で燃え尽きてしまうのである。

熱くて明るく輝いている星ほど速く燃え尽きてしまうというのは、なにやら人間の個性にも通じるところがある。突拍子もない比較と思われるかもしれないが、人間が一生のうちに発揮できる活動性やエネルギーの総量に上限があるなら、あながち無理な比較というわけでもないかもしれない。

星々の生涯——主系列段階以降の運命

主系列段階を終えると、星は急速にその一生の終わりに向かって突き進む。太陽の約8倍より軽い星は、赤色巨星という低温で表面が膨張した星となり、外層の一部を放出する。その放出した外層は中心星からの放射に照らされて惑星状星雲という実に美しいガス状の天体となる。カラー口絵の図6－3に、ハッブル宇宙望遠鏡で撮られた画像を掲載しているので、ご覧いただきたい。

やがてこの惑星状星雲のガスも霧散し、中心には白色矮星という、質量が太陽程度だが大きさが地球ほどしかない、密度の高い星が残される。不思議なことにこの星は、他の恒星のように自分の重さを支えるためにエネルギーを出し続ける必要がない。その秘密は、電子の縮退圧という量子力学的なものである。エネルギー生成を必要としないので、白色矮星になってしまえばあとは単に星が冷却するとともに暗くなっていき、ひっそりと、存在し続けるだろう。

太陽の約8倍より重い星は、中心部において水素からヘリウム、さらには炭素、酸素、ケイ素といった重い原子核の核融合が進行し、やがて核融合で生まれた鉄を成分とする中心コアができる。鉄は、それを知らぬ人はいないほど我々にとってごく身近な元素であるが、実は100種類以上存在するあまたの元素の中でも特別な存在であることはあまり知られていない。鉄の原子核は最も強く結合した安定な原子核である。一般にエネルギーの高い状態は物理的に不安定で、より安定でエネルギーの低い状態に移ると同時に余分なエネルギーを外界に捨てる。

鉄より軽い元素は合体（核融合）してより重い原子核になることでエネルギーを出す。一方で、鉄より重いウランやプルトニウムは、原子力発電所で起きているように、より軽い元素に分裂（核分裂）をすることでエネルギーを出す。そして、鉄より安定な元素が存在しないため、鉄はもはや原子核反応でエネルギーを取り出すことができない「燃えかす」である。間もなく最期を迎える大質量星の中心にできた鉄コアは、筆者には「燃え尽きた……真っ白な灰に……」と静かに座るジョーの姿がだぶって見える。

だが、自然界にはさらに効率の高いエネルギー発生メカニズムがあった。重力エネルギーである。核反応で取り出せるエネルギーは、核反応を起こす物質の静止質量エネルギーの1パーセントに満たない。しかし重力エネルギーは、ブラックホールになるほど高密度になるまで物質が落ち込んだ場合は、静止質量エネルギーに匹敵するエネルギーを生み出すことが可能である。燃え尽きたかに思われた大質量星は、このエネルギーを使って超新星と呼ばれる華々しい爆発でその最期を飾ることになる。

鉄コアが太陽質量程度にまで成長すると、重力に対して支えきれなくなり、やがて潰れてしまう。太陽質量の場合、半径3キロメートル以下のサイズにまで潰れてしまうとブラックホールになるわけだが、多くの場合はその一歩手前、半径約10キロメートルで重力崩壊が止まり、中性子星と呼ばれる星が誕生する。

この星が重力に対して持ちこたえられる秘密は、1立方センチメートルに1兆キログラムという超高密度にある。この密度は実は、陽子や中性子で構成される原子核の中の密度に近い。このような状態では、原子核の中で働いている核力によって、中性子星はその強大な重力に逆らって存在できるのである。いわば中性子星は、一つの巨大な原子核と言ってよい。なお中性子星内部では、陽子と電子が合体して中性子になった方がエネルギー的に安定である。そのため陽子や電子はほとんどなく、中性子が主成分となっている。中性子星と呼ばれる所以である。

さて鉄コアが潰れて中性子星になると、巨大な重力エネルギーが解放される。どれくらい巨大かというと、例えば太陽がその一生（100億年）のうちに放射するエネルギーの300倍と言えば実感が湧くだろうか？　この巨大なエネルギーを使って、中心部を除く外側の物質を吹き飛ばしてしまう。これが超新星爆発である。といっても、爆発の運動エネルギーに転化するのは重力エネルギーのわずか1パーセント程度に過ぎない。それでも、太陽質量の10倍もの物質が秒速数千キロメートルで吹き飛んでいく（カラー口絵の図6－4）。

そして中心には中性子星が残される。その質量は太陽の1～2倍といったところである。この中性子星は1兆ガウスを超える強力な磁場を持ち、1秒間に数十回も回転する。それによって生じる周期的なパルスが電波やX線で観測されていて、パルサーと呼ばれている。ただし原子核力で支えることができる星の総質量には上限があり、中心に残った星が太陽のおよそ2～3倍を超える場合は、さらに潰れてブラックホールになると考えられている。元の星の質量で言えば、太陽の数十倍を超えるような超大質量星が、ブラックホールの生成源と考えられている。

超新星爆発で吹き飛んだ物質は放射性物質を含み、それが原子核崩壊を起こして熱を出すことで輝き、超新星として観測される。その明るさは太陽の100億倍という、一つの銀河に匹敵するものであり、それが1ヵ月以上続く。それでも、この光として放出されるエネルギーは爆発エネルギーの1パーセント、重力エネルギーのわずか1万分の1に過ぎない。そしてこの吹き飛んだ物質は、新たに核融合で生成された炭素や酸素、鉄などの重元素を豊富に含んでいる。これがやがて星間ガスに溶け込んで、次の世代の星に取り込まれ、やがては地球型惑星や我々の体の原料となるのである。

それでは、重力エネルギーの99パーセントはどこに行ってしまうのだろうか？　それはニュートリノとして放出される。誕生した直後の中性子星は重力エネルギーが熱に転化して、温度が1000億度にも達する高温状態にある。だが、あまりに高密度なので、このエネルギーは光（電磁波）としては吸収されてしまい出てこられない。出てこられるのは、透過力の高いニュートリノのみである。このニュートリノの熱放射によって、わずか10秒ほどの間にほぼすべての重力エネルギーが外に放出される。

このニュートリノが史上初めてとらえられたのが1987年、銀河系の周囲を回る伴銀河である大マゼラン雲で発生した超新星1987Aからのものであった（カラー口絵の図6－5）。この超新星から放出されたニュートリノのうち、およそ1京（1兆の1万倍）個ほどが16万光年離れた地球にある岐阜県神岡鉱山のニュートリノ検出器カミオカンデを通り抜けたはずである。そのうちわずか11個が、カミオカンデのタンクに蓄えられた約3000トンの純水の、水分子中の陽子と反応し、検出されたのである。

繰り返される星々の生と死

星間ガスから様々な質量の星が生まれ、それぞれの一生を終えて、再び物質を星間ガスに返す。これが銀河の中で何世代にもわたって繰り返されている。それはあたかも、地球上で人間をはじめとする様々な生命が生まれ、やがて命が尽きると土に還ることを彷彿とさせる。また、生命の活動はその母体である地球の環境にも影響を与える。過去数十億年にわたって徐々に地球大気の中で酸素が増えてきたのは、植物による光合成のおかげである。そして今、産業革命以降の人類の活動のために大気中の二酸化炭素が増え続けている。

銀河もまた、星が生まれ続けることで徐々にその姿を変えていく。星間ガスは星に転化することで徐々にその量を減らす。一方で、超新星爆発から放出された重元素のために、星間ガス中の酸素や鉄の量は徐々に増えていく。星が生まれ死ぬことで、銀河の進化が進むのである。

銀河の形成と進化の歴史

宇宙の年齢が約1億年の頃に最初の星が誕生する。これが、銀河形成の歴史が始まる瞬間である。一方で、宇宙大規模構造の形成は暗黒物質の重力によって脈々と進行している。重力を支配し、星や銀河を作る原動力となりながら、自分自身はあくまで黒子として粛々と我が道を行くといった風情であろうか。より大きなハローが登場し、より多くのバリオンガスがそれらに取り込まれることで、星形成の原料となる物質が増えていく。このため、宇宙全体での星形成活動はどんどん活発になっていくのである。

遠方の銀河の観測から、宇宙全体での星形成活動がそのピークを迎えるのは、ざっと宇宙誕生後20億年から50億年といったところ、赤方偏移で言えば3から1程度の時代であることがわかっている（図6－6）。初代の星や銀河が誕生してから現在までを朝から夕方までの1日になぞらえて、この時代を「宇宙の正午」（cosmic noon）という言い方が研究者の間で最近流行っている。初代の星が生まれた頃は「宇宙の夜明け」（cosmic dawn）である。

このピークを過ぎると、宇宙全体での星形成活動は下火になっていくわけだが、それにはいく

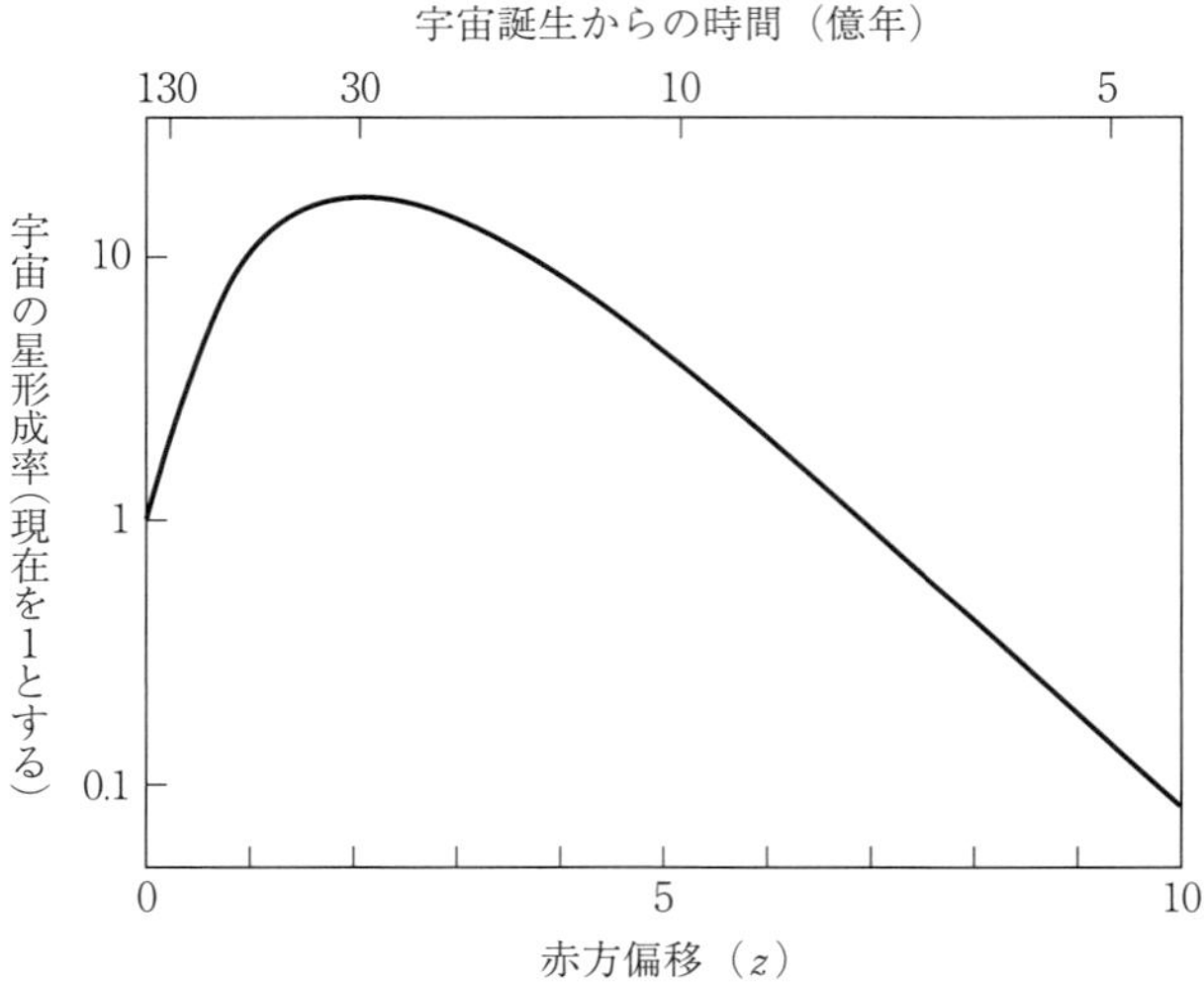

図6-6　宇宙の星形成史

つかの理由がある。暗黒物質ハローに取り込まれたガスは、時代とともに高温で低密度になっていく。そのようなガスは冷えにくいため、星が生まれることもなくなる。このような状況になっている典型的な例が、銀河団である。我々の銀河系のような立派な銀河が数百あるいは数千という数で、重力で束縛されて密集している領域を銀河団という。重力で束縛された一つのシステムとしては宇宙で最大のものである。その総質量は実に太陽の1000兆倍にも及び、その大半が暗黒物質である。もちろんバリオンガスも存在し、銀河団の強大な重力のために1億度もの高温にまで加熱されて、X線で輝いて見える（カラー口絵の図6－7）。

銀河団の中のバリオン物質の大半はこの銀河団ガスになっていて、銀河の中で星になっている物質量はわずか10パーセント程度に過ぎない。

「宇宙の正午」以降、星形成活動が下がっていく理由は他にもある。まず単純に、星の材料となる星間ガスが星形成活動で星に変わっていくため、時間とともに減っていく。また、超新星爆発により星間ガスに注入されたエネルギーは星間ガスを加熱したり、時には銀河の外にまで吹き飛ばしてしまう（カラー口絵の図6－8）。星が生まれたことで次の世代の星形成が抑制される、いわばフィードバック機構と言うべきものである。こうした様々な理由で、現在の宇宙の星形成活動は最盛期の10分の1ほどになっている。正午をだいぶ過ぎた夕方頃と言うべきであろうか。

こうした銀河形成の歴史の結果として、現在の宇宙に見られる多様な銀河が生まれた。例えば、現在見られる楕円銀河や渦巻き銀河の中のバルジは、100億年以上の年齢を持つ古い星の集まりで、今はほとんど星形成活動を行っていない。これらはかつて、銀河進化の初期の段階で激しく星形成活動を行い、その時にあった星間ガスのほとんどを星に変えてしまったと思われる。その後新たに星が生まれることがないため、寿命の短い大質量の星から順に死んでいくことになる。今残っているのは太陽程度かそれ以下の星ばかりである。軽い星ほど赤いので、そのような銀河も全体として赤い銀河になる。

人間社会に例えるなら、超少子化・高齢化社会と言うことができるだろう。70年前にベビーブームで人口が激増し、そのすぐ後に人々が全く子供を作らなくなったようなものである。70年後の今、その社会には70歳以上の人しか残っていないことになる。

一方、渦巻き銀河の円盤部は、ハロー中のガスがゆっくりと安定した状態で冷えてできたものと考えられる。一般に、ものが中心に向かって引き寄せられると、その中心まわりの回転速度が大きくなる。広がっていた時には気づかないほどわずかな回転が、中心に集まることで回転を始めるように見えるのである。洗面台のシンクにたまった水が排水口に落ちていく時の渦巻きを思い出せばよい。渦巻き銀河の円盤も同じ理屈で生じるのである。

円盤部では星間ガスは比較的ゆっくりと冷却し、星形成活動も穏やかである。そのため、数十億年という宇宙年齢に匹敵する時間が経ってもまだ星間ガスが残っていて、星形成が続いている。人間社会で言えば、少子化がそれほど起こらず、順調に若い世代が生まれている状態と言える。したがって、この円盤部には若い星も多く、青くて明るい大質量星も含まれる。そのため円盤部は楕円銀河やバルジよりも青くなるのである。

第7章

観測で広がる宇宙の果て

多様なメッセンジャーによる宇宙観測

人類の宇宙に関する知識がこれだけ広がったのは、様々な手法による宇宙観測のおかげであることは言うまでもない。そして、さらに新たな知見を得るべく日夜努力が続けられている天文学の最先端観測もまた、ひとつの宇宙の果てである。本章ではそれを見ていこう。

宇宙の観測において基本となるのは可視光を含めた電磁波である。電磁波は量子力学的には光の粒子である光子の集合体でもあり、光子のエネルギーと電磁波の波長は互いに反比例の関係にある。可視光線の範囲は波長で言えば０・４〜０・８マイクロメートル、光子のエネルギーで言えば１・５〜３電子ボルトである。人類が現在、宇宙を眺めるために用いている最も長い波長の電磁波である電波の波長は１メートルほどになり、エネルギーで言えば１電子ボルトの１００万分の１である。

逆に波長が短い、つまり光子のエネルギーが高い方に目を転じれば、天体観測に用いられる最も高いエネルギーのガンマ線は10兆電子ボルトにもなる。つまり、電波からガンマ線まで、エネルギー（あるいは波長）で言えば実に19桁にもわたる。こう考えると、我々になじみ深い可視光線というものが、宇宙を眺める窓の中のごくごくわずかな一部に過ぎないことがわかるだろう。

そして20世紀から21世紀にかけて、人類の宇宙観測は電磁波だけでなく、ニュートリノや重力波にまで広がった。これらは宇宙の神秘を我々にメッセージとして伝えてくれる、新たな「メッセンジャー」である。電磁波に加えてこれらを組み合わせ、新たな宇宙像を描き出していくのがこれからの天文学、すなわち「マルチメッセンジャー天文学」と呼ばれるものである。

可視光線での宇宙観測

言うまでもなく、最も古くから人類が宇宙を眺めてきたのは電磁波、それも我々の眼球が感じることができる可視光線によってである。人類の発生以来、数え切れないほどの眼が宇宙に向けられてきたことだろう。それまでひたすら裸眼で宇宙を見ていた状態から脱却し、ガリレオが望遠鏡を初めて天体に向けたのが1609年、オランダのハンス・リッペルスハイが望遠鏡を発明したわずか1年後のことであった。人類の長い歴史の中で見ればごく最近のことである。

望遠鏡とはすなわち遠くを見る道具ということだが、その機能は主に二つある。像を拡大する、つまり細かいところまで見られるようにすることが一つであり、これは光の到来方向（角度）を分解する能力なので角分解能という。この点、双眼鏡や顕微鏡と変わりはない。もう一つが、暗くて肉眼ではとても見えないような微弱な光のシグナルを検出する能力であり、感度と呼ばれる。

角分解能は肉眼で言えばいわゆる視力に対応するものである。日常生活で言う視力1・0とは

5メートル離れた距離から1・5ミリメートルの模様を見分ける能力で、角度で言えば1分角＝60分の1度である。望遠鏡の角分解能は光の波長を望遠鏡の口径で割った数字で決まり、口径を大きくすれば角分解能が上がる。原理的には口径10センチメートルの望遠鏡で角分解能は1秒角つまり3600分の1度に達するが、地球上にある望遠鏡ではこれ以上口径を大きくしても角分解能は上がらなくなる。地球の大気のために天体の像がぼやけてしまうためである。一方、感度の方は大きな望遠鏡で大量の光を集めれば集めるほど暗い天体まで検出できるようになる。

このため、最先端の天体望遠鏡の開発は大型化の歴史でもあった。望遠鏡の口径が1メートルの壁を突破したのが1800年頃である。20世紀前半、ハッブルらが我々の銀河系とは別の銀河を見つけ始めた頃、観測に用いていた当時最先端のウィルソン山天文台フッカー望遠鏡の口径は2・5メートルであった。20世紀終盤から21世紀初頭にかけて8～10メートル級の巨大望遠鏡が登場し、それが現在の可視・赤外波長域での望遠鏡の最先端となっている（図7－1）。

1993年にハワイ島マウナケア山頂に建設されたケック望遠鏡や、2009年にカナリア諸島に建設されたカナリア大望遠鏡は口径10メートルを超えるが、それは小さな鏡を並べた分割鏡である。一枚鏡でできた単一鏡としては、1999年に完成したすばる望遠鏡の8・2メートルが現在でも世界最大級である。もちろん、口径2・4メートルの望遠鏡を初めて大気圏外に設置したハッブル宇宙望遠鏡も忘れてはならない。

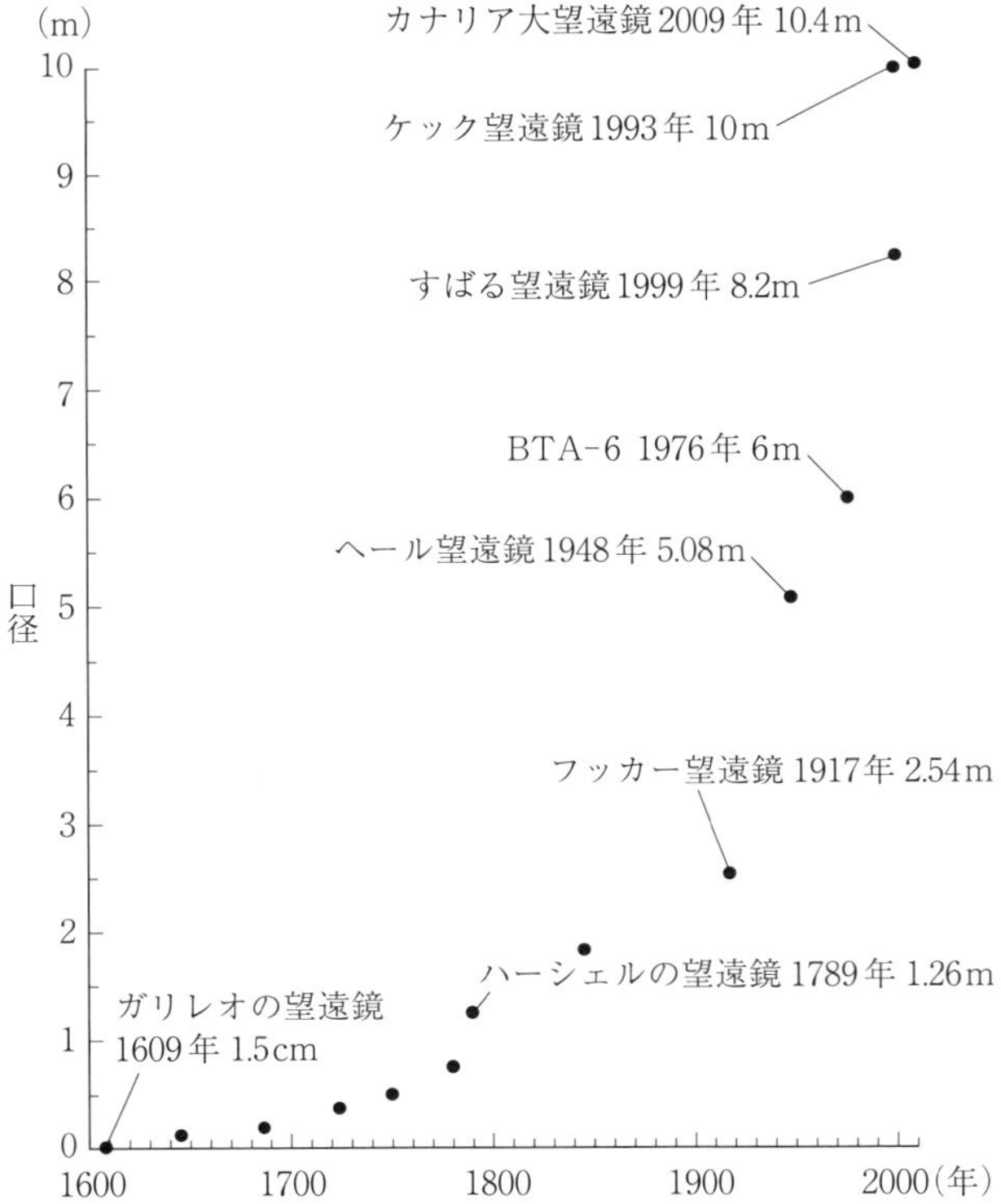

図 7-1　望遠鏡の口径と年代

素粒子加速器に関して先に述べたムーアの法則やリビングストンチャートと同じことを望遠鏡の進化史に当てはめると、17世紀初頭の発明時に10センチメートル程度だった口径が、１８０年ごとに2倍のペースで巨大化してきたことになる。２０３０年頃には世界は30メートル級望遠鏡の時代を迎えると予想されるが、これはこの法則の予想を上回る驚くべきスピードと言える。

望遠鏡の大きさだけでなく、データの記録方法の進化もまた見逃すことはできない。人類として初めて望遠鏡で宇宙を眺めたガリレオが、それを記録した手段は自らのスケッチであった。やがて写真技術が発明されると、写真乾板が天体観測データの保存に用いられるようになった。写真技術自体はすでに幕末の日本にまで伝わっていたことは周知の通りであるが、写真乾板が初めて天体観測に用いられたのはそれより遅く、１８９１年のマックス・ヴォルフによる小惑星の発見だったという。そして１９８０年代になると、写真乾板はそれより圧倒的に感度が良い新技術に取って代わられることになる。デジカメなどでおなじみのＣＣＤである。

このデジタル技術全盛の時代、天文観測も例外ではなく、例えば、ハワイ島マウナケア山頂（標高４２００メートル）にあるすばる望遠鏡で観測を行う際も、観測者は望遠鏡ドームの隣にある空調の効いた快適な建物の中で、望遠鏡に取り付けられた観測装置から送られてくるデジタルデータを制御室のモニタで眺めるのみである（図７−２）。いや、「快適な」は言い過ぎかもしれない。さすがに気圧までは制御されていないので、地上の6割ほどしか酸素がなく、高山病に

図 7-2　上：すばる望遠鏡と観測棟（画像左下の建物）、下：観測室の様子（Image credit　国立天文台）

なりやすい人には厳しい環境である。

筆者はこの点比較的強い方で、観測中の空き時間に論文を書いたりすることもある（むろん、下山後の校正は必須であるが）。それでも、夜の長い冬場の観測では日没前から観測準備を始め、日の出とともに後始末をして下山するまで、12時間をゆうに超える長時間労働は決して楽なものではない。折り返し点の深夜12時頃に「真夜中の昼食」で食べるサンドイッチやカップ麵、味噌汁はまた格別だ。むろん、日中に整備をするデイクルーや、たまに観測中にトラブルが起きた時の観測所スタッフは、冷たい風が吹きすさぶ望遠鏡ドーム内で辛い作業をしなければならない。

その意味では、現代の天文観測はやや味気ないものである。技術革新は往々にして昔ながらの風情を奪う。夜の寒気に耐えながら懸命に望遠鏡を覗き込むという、多くの一般人が持つ天文学者のイメージはすでに過去のものである。余談だが、すばる望遠鏡ではいわゆる「眼視」、つまり公共天文台の観望会などで行われる、小型の天体望遠鏡に取り付けられた接眼レンズを通して肉眼で天体を見るということはできない。科学的に必要ないからである。唯一の例外は完成時の記念式典で、招待されたＶＩＰと当時の観測所スタッフだけが、臨時に取り付けられた接眼レンズから美しい天体画像を楽しんだということである。これほど贅沢な天体観望会もないであろう。

可視光を通して見える宇宙は、ほとんどが恒星や超新星が放つ熱放射である。これに加えて、星間空間の希薄なガスが周囲の星に照らされ、ガス中の原子が高いエネルギー状態に遷移してまた元に戻る際に放つ光も、美しい星雲として観測される。だがこれらは、銀河の中で起きている様々な物理現象のほんの一端しかとらえていない。人間の目に映る宇宙の姿はひどく偏ったものであると言わねばならない。

低温の宇宙を見る——赤外線と電波

可視光線より波長が長く、波長が100マイクロメートル程度までの電磁波は赤外線と呼ばれる。比較的可視光に近い近赤外線は地上の望遠鏡でも観測できるが、より波長が長い中間赤外線や遠赤外線は地球大気による吸収が激しく、人工衛星による観測が行われる。

この赤外線が宇宙を見る上で重要なのは、恒星よりも低温の宇宙物質の世界を我々に見せてくれるという点である。物体からの熱放射では、その表面温度が低いほど光子エネルギーの低い、つまり波長の長い電磁波が放射される。我々の身近な温度の物体も赤外線を放つ。暗視スコープ（ナイトビジョン）を使って赤外線で世界を見れば、夜でも人間の活動が見える所以である。

赤外線で宇宙を眺めた時に主役となるのは星間塵である。星間塵は我々の銀河円盤上の星間ガスに沿ってあまねく散らばっており、天体からの可視光線を吸収する。太陽系から銀河円盤と垂直な方向を見ればせいぜい10パーセント程度の光が吸収される程度だが、銀河系の中心にある星の光は円盤に沿った経路で我々にやってくるため、大量の塵に完全に吸収されてしまい、観測することができない。真の天体の明るさを算出するために、天文学者は常に、その観測方向における星間塵による吸収量を考慮して補正しなければならない。

赤外線で宇宙を眺めれば、宇宙がこの塵で満ちていることがわかる。恒星からの光を吸収した星間塵は暖められるが、その温度は恒星ほど高くはない。したがってそれらは赤外線で明るく輝くのである。可視光域では日陰者、厄介者であった星間塵が、波長を変えれば一躍、主役となるわけだ。

そしてもう一つ、赤外線観測の重要性を挙げておかねばならない。宇宙が膨張しているため、遠方の銀河から放たれた光は波長が引き伸ばされて見える。現在の遠方天体のフロンティアは赤方偏移で$z=9$程度、つまり波長が元の10倍にも引き伸ばされている。したがって、遠方の原始銀河の中の恒星が可視光でエネルギーを放出しても、それを受けとる我々は赤外線で見なければならない。「観測可能な宇宙の果て」に迫る上で赤外線はひときわ重要な地位を占めている。

電磁波の波長がだいたい100マイクロメートルより長くなると、電波と呼ばれる。波長30センチメートルぐらいの電波での観測も盛んに行われている。赤外線と電波の境界が、宇宙マイクロ波背景放射の絶対温度2・7度に相当する。となると、電波で見える宇宙はさらに低温の世界なのだろうか?

残念ながら、宇宙における天体現象でそのような低温のものは知られていない。そんな低温現象を見たいのなら、大学の研究室や工場で、液体ヘリウムで人工的に冷やされたものを見るしかないだろう。意外なことに、このような波長の長い電波で見えてくるのは、むしろ過激な高エネルギー現象なのである。

星間空間の中をほぼ光速で飛び回る宇宙線の中には電子も含まれる。星間空間には磁場があり、磁場は荷電粒子を曲げる働きがあるため、電子は磁力線に沿って、らせん状の軌道を取る。その際にシンクロトロン光と呼ばれる電波を出すのだ。このため、超新星や中性子星、ブラックホールなど宇宙の巨大な爆発やエネルギー解放現象に伴って、電子を含む高エネルギー粒子が生成されているような場所では強烈な電波放射が観測される。

電波の特徴は可視光に比べて波長がはるかに長く、波として扱いやすいというものである。例えば、望遠鏡の鏡を可視光望遠鏡ほど精密に磨かなくても像を結んでくれる。このため、有名な国立天文台野辺山宇宙電波観測所の口径45メートル大電波望遠鏡のように、巨大な望遠鏡を建造することができる(図7-3)。さらには、何千キロメートルも離れた複数の電波望遠鏡のデータを波として組み合わせ(干渉という)、あたかも口径何千キロメートルという超巨大望遠鏡で観測したのと同じような角分解能を実現することもできる。

図 7-3　国立天文台野辺山宇宙電波観測所の45 m電波望遠鏡
(Image credit　国立天文台)

図 7-4　チリのアタカマ高地で観測を行うアルマ望遠鏡
数十台の電波望遠鏡が、干渉計として機能する。(Image credit　Clem & Adri Bacri-Normier (wingsforscience.com) / ESO)

望遠鏡が分解できる最小の角度は波長を望遠鏡の口径で割ったもので決まるのであった。したがって、電波のように波長が長いというのは本来、不利なことである。だがこの干渉計の技術によって欠点を逆手にとり、電波は様々な波長の中でも最も高い角分解能を達成しているというのは特筆すべきことであろう。チリ・アンデスの標高5000メートルの高地に建設され、遠方銀河の中の塵が放つ光などの観測で活躍を続けているアルマ望遠鏡もこうした干渉計のひとつである（図7－4）。

爆発現象と極限天体を見る——X線とガンマ線

今度は可視光より波長が短く、したがってエネルギーの高い方に目を転じてみよう。可視光領域のすぐ隣に位置するのは日焼けでおなじみの紫外線である。よく知られている通り、地球大気の中のオゾン層は紫外線を吸収し、生物にとって有害な紫外線から我々を守ってくれている。これは裏を返せば、地球大気の外に出ないと感度の良い紫外線天文学はできないということだ。このため紫外線での天文観測は主に人工衛星を使って行われているが、次に述べるX線領域と可視光の狭間にあって、重点的に天文観測が行われているとは言いがたい「すきま」とも言える。

光子のエネルギーが100電子ボルトを超えると紫外線からX線の領域に入る。透過力が強く、医療目的で体内を撮影するレントゲンでおなじみであろう。だが我々の体を透過しても大気を透過するかどうかは別である。それは電磁波と物質がどのような物理過程で相互作用するかによっていて、地球大気の場合は、可視光線は透過するがX線は吸収されてしまう。したがってX線天文学も人工衛星によるものが主流である（黎明期には気球やロケットが用いられた）。

X線天文学が始まる前は、そもそもX線で宇宙を見るということ自体、あまり意味のあることだとは考えられていなかったらしい。X線のような高エネルギーの光子を放射するような激しい天体現象など、当時は思いもよらなかったらしいのだ。初期のロケットによる観測では、星や銀河を見るというのでは予算がつかないので、月からのX線を見るという口実（？）で観測を行うような状況であったという。そこでちょっと別の方向に向けてみたら、驚くべきことにX線を強力に放つ天体が見つかったのだ。

星や銀河、銀河団に至るまで様々な天体からのX線が検出され、天文学の一大分野に成長している現代から見れば、にわかに信じがたいほどの話であるが、新たな学問分野が切り拓かれるというのは得てしてそのようなものであろう。

歴史を振り返れば、ティコ・ブラーエが1572年に観測した「ティコの超新星」が、当時の西欧の宇宙観を覆したという事例がある。古来よりのアリストテレス的な宇宙観では、月よりも遠い世界である「天界」は永遠に絶対不変であるべきものであった。ティコはこの突如出現した超新星が月よりも遠方の天体であり、旧来の世界観は変更されるべきものであることを示したのである。

余談を重ねて恐縮だが、日本ではこれよりずっと早い平安時代から、超新星や彗星などの突然現れる天体を「客星」として、観測が行われていた。安倍晴明で有名な陰陽師らが多くの超新星の記録を残し、藤原定家の日記『明月記』には、定家が陰陽師から聞いた過去の超新星の記録が記されている。平安時代、客星は天変地異の兆候とされ、科学的な研究が行われたわけではない。だが一方で、西洋のような「宇宙は絶対不変」という余計な固定観念もなかったのかもしれない。ちなみに、超新星は星の終末に起きる大爆発であるという概念が確立する上で、この『明月記』が大きな役割を果たしたことはあまりに有名である。

超新星が、大質量星が最期に潰れて中性子星になる際の大爆発であるという仮説をウォルター・バーデとツビッキーが提唱したのが1934年である。ちなみにこのツビッキーは先に述べたように、暗黒物質に初めて気づいた学者でもある。超新星と暗黒物質という二つの偉大すぎる業績を残したという点、恐るべき人物としか言いようがない。奇しくも同年、『明月記』の記録を英文で世界に紹介した人物がいた。アマチュア天文家の射場《いば》保昭《やすあき》である。

そしてこの頃、写真による観測技術の発展により、18世紀にシャルル・メシエによって発見された「かに星雲」が徐々に膨張していることが判明した。その広がりを巻き戻すと約900年前に起きた爆発ということになる。これに基づき1942年、ヤン・ヘンドリック・オールトらは射場によって紹介された『明月記』の記録を参照しつつ、かに星雲が1054年の超新星爆発であることを示した。明るく輝く「超新星」が「星の爆発」であることが証明された瞬間であった。さらに時代が下り、かに星雲の中にパルサーが見つかったことで、超新星から中性子星が生まれることが証明されたのは1969年である。

話を戻そう。X線で宇宙を眺めるとまず見えてくるのはX線領域で最も明るくなるほどの高温ガスである。例えば太陽の周囲には温度が100万度を超える高温のガスが存在し、X線で輝くコロナとして観測される。広い宇宙にはもっと高温のものがある。数千もの銀河を抱える銀河団の強力な重力に熱せられたガスは1億度という高温に達し、X線天文学の重要なターゲットである。中性子星やブラックホールにガスが落ち込む際も、X線が重要な観測手段となる。銀河円盤に渦巻きができるのと同じ理由で、降着円盤と呼ばれる円盤状の形でガスが落ちていくのだが、それがブラックホールに落ち込む寸前にちょうどX線で光るような高温となるからだ。

さらに光子のエネルギーを上げて10万電子ボルトを超えると、X線ではなくガンマ線と呼ばれるようになる。これ以上はいくらエネルギーを上げても、「ガンマ線」という名前しかない。現在、天体からのガンマ線として観測されるのはだいたい10兆電子ボルト程度までであるが、一口にガンマ線と言っても10万から10兆までざっと1億倍の違いがあることになる。むろん、それによって見えてくる宇宙も全く異なることになる。

ガンマ線領域になると、もはや熱的な放射、すなわち温度を持った物質からの放射は観測されない。ガンマ線もまた、地球の大気で吸収されてしまい、地上の望遠鏡では天体からのガンマ線を直接観測することはできない。そのため100億電子ボルト程度までの比較的低エネルギーのガンマ線はやはり人工衛星による観測となる。

100万電子ボルト程度のガンマ線は、多くの原子核反応で典型的なエネルギースケールであることは何度か述べた。したがって、宇宙で起きている原子核反応を見る上でこのエネルギー領域は極めて重要なものとなる。例えば超新星の明るさのエネルギー源は超新星で新たに作り出された不安定原子核の崩壊熱であるが、これを証明するように、超新星爆発で放出された物質中の原子核反応に起因するガンマ線が検出されている。

より高エネルギーのガンマ線は、極限天体における宇宙線の生成現場を探る上で重要な情報を与えてくれる。地球に降り注ぐ高エネルギー荷電粒子である宇宙線は10の20乗電子ボルトまで達しているのだから、それらがなにかの拍子に他の物質にぶつかって、超高エネルギーのガンマ線を出すことが予想されるのだ。それは宇宙線の生成源の正体を暴く上で実に都合がいい。

宇宙線は荷電粒子のため銀河内の磁場に曲げられてしまい、我々に届くまでに曲がりくねった経路を通ってくる。つまり、地球に届いた宇宙線の到来方向を見ても、それは生成源とは全く関係ない方向を向いているのだ。だが、電荷を持たないガンマ線は我々までまっすぐにやってくる。だから宇宙線によってしか作り得ないような高エネルギーのガンマ線を放つ天体を見つければ、それは宇宙線の生成源の有力な候補となろう。

実際に、銀河系内に存在する超新星残骸からそのような高エネルギーガンマ線が検出されている。昔から、100兆電子ボルト以下の低エネルギー宇宙線は銀河系内の超新星残骸で作られていると考えられてきたが、最新のガンマ線天文学はその観測的証拠をつかみつつある。まだ正体が謎である100兆電子ボルト以上の宇宙線の正体も、ガンマ線天文学の発展でいずれ明らかになるかもしれない。

ちなみに100億電子ボルトを超えるような超高エネルギーのガンマ線は、人工衛星で観測することはできない。エネルギーが高すぎて、人工衛星に載るような小さな検出器を突き抜けてしまい、正確にエネルギーを測ることができないのだ。だが、宇宙を見たいという人間の欲求は実に巧妙な技法でこれを解決してしまった。そのような高エネルギーガンマ線は地球の大気に突っ込むと、大気中の分子と反応して多数の二次的な高エネルギー粒子を作り出す。これらが大気中で発光し、可視光線で見える空気シャワーという現象を起こす。これを見ることで、間接的に宇宙からのガンマ線をとらえることができる。いわば、地球の大気を巨大な検出器としてしまう、壮大な発想である。

この手法によって、10兆電子ボルトという高エネルギーのガンマ線が、超新星や活動銀河中心

図7-5　カナリア諸島にある口径17mの地上ガンマ線望遠鏡、MAGIC（Image credit　Robert Wagner/Max Planck Institute for Physics）

核から観測されている。この分野は天文学の中でも若く、近年発展が著しい。現在、このような地上ガンマ線望遠鏡を数十台も並べて、かつてない感度を達成しようという野心的なプロジェクトが全世界の協力で進んでいる。

ＣＴＡと呼ばれるこのプロジェクトには筆者も日本チームのメンバーとして参加しており、本稿を執筆中にスペイン領カナリア諸島の標高２２００メートルの山頂で建設が進む望遠鏡試作1号機を見学してきた。口径23メートルという巨大なお皿に、数百枚もの分割鏡を貼り付けたものになる。そのすぐ隣には、すでに稼働中の口径17メートルの同種の望遠鏡、ＭＡＧＩＣが立つ（図7-5）。

これらはガンマ線の観測が目的とはいえ、実際には可視光で空気シャワーを見るのだから、いわば史上最大の可視光望遠鏡と言ってもいい。ただし、すばる望遠鏡のような本来の可視光望遠鏡に比べて容易に巨大化できるのは、空気シャワーの観測には望遠鏡の鏡面精度を高くする必要がないからだ。普通の可視光望遠鏡はドームの中にあって雨風から守られているが、精度に気を遣わなくていいこれらの望遠鏡は雨ざらしである。奇観と言っていい。

最後にもう一つ、ガンマ線による宇宙観測の重要性に触れておかねばならない。宇宙の中で重力を支配する暗黒物質の正体は不明だが、一つの有力な候補は未知の素粒子である。そうした素粒子同士がたまに衝突すると、対消滅をしてガンマ線を出す可能性がある。そんなことが本当に宇宙で起きているなら、銀河系の中心部など、暗黒物質が集中している場所からガンマ線が観測されるはずである。このような動機から、ガンマ線天文学の誕生以来、暗黒物質起源のガンマ線の探査は精力的に行われてきた。残念ながらまだ有望なシグナルは見つかっていないが、将来の高感度観測で見つかるかもしれない。

新しい宇宙を見る目——ニュートリノ

宇宙を見る目はいまや電磁波だけではない。光速でまっすぐに進む波や粒子であれば、光と同じように宇宙を「見る」ことができるはずである。そのような宇宙からの「メッセンジャー」として長年期待されてきたのがニュートリノと重力波である。両者とも物質に対する透過力が強く、高密度天体の中心部など、光では吸収されてしまって見えない領域をさぐることができる。だが、透過力が強いということは物質との相互作用が弱いということでもあり、それだけ検出器に与える信号も小さくなる。ここでもまた、利点は欠点の裏返しということだ。

それでも宇宙からのニュートリノは1970年代にはすでに検出されていた。太陽からのニュートリノである。太陽のエネルギー源は水素原子核（＝陽子）四つを、2個の陽子と2個の中性子からなるヘリウム原子核に変える核融合だから、2個の陽子を中性子に変える必要がある。このベータ崩壊とは逆の反応により、必ず電子ニュートリノが2個放出されるはずである。

これを初めてとらえたのは米国サウスダコタ州のホメステイク鉱山地下に設置された、テトラクロロエチレンを蓄えた巨大なタンクであった。この物質はドライクリーニングでも使われる安価なものであり、塩素を含んでいる。ニュートリノがやってきて塩素と反応すると、今度は逆に塩素原子核中の中性子が陽子に変わり、原子番号が一つ増えたアルゴンに変わる。これを化学的に検出したのである。

この実験を率いたレイモンド・デービスには小柴昌俊とともに2002年のノーベル物理学賞が与えられた。だが、この栄光の実験も、実現までにはいろいろと障害があったらしい。その一つは、予算獲得までに浴びた「出ているとわかっているニュートリノを検出して、それで新たになにがわかるのか」という批判であったという。当時すでに、太陽のエネルギー源は疑いなく水素の核融合であると考えられ、そこからニュートリノが出ることも、原子核物理学の知識から当然のことと思われたのである。

大きな予算を使う巨大科学実験が認められる際に、その科学的意義について厳しい審査が行われるのは当然である。その意味で、この批判は決して間違ったものではない。だが結果的には、自然界とはこのような安易な人間の予想をはるかに上回るものであることを証明することとなった。実際に太陽からのニュートリノ放出量を測ってみると、予想の半分程度しかなかったのである。

この不可思議な結果が現在ではニュートリノ振動という現象で理解されていることは有名である。ニュートリノに質量があると、飛んでいるうちにニュートリノの種類が変わることで、あたかも減ったように見える。「あたりまえと思われていること」をきちんと検証しようという姿勢が、ニュートリノの質量の発見という基礎物理学上の大成果につながったことになる。

すでに述べた通り、太陽ニュートリノに続いて、１９８７年には超新星からのニュートリノも検出され、ニュートリノ天文学の幕が開いた。ただし銀河系や、（超新星１９８７Ａが発生した）大マゼラン雲という、宇宙の中で見れば我々のごく近傍で超新星爆発が起きなければニュートリノは検出できない。そのような現象は数十年に一度と言われる。事実、超新星１９８７Ａを検出した旧カミオカンデより10倍大きなスーパーカミオカンデ（図７‐６）が稼働してすでに20

図7-6 スーパーカミオカンデ
点検のためにタンク内の水をすべて抜いた時の様子（Image credit 東京大学宇宙線研究所 神岡宇宙素粒子研究施設）

年以上が経つが、その後いまだに超新星からのニュートリノは検出されていない。もし銀河系内で起きてくれれば、実に数千個ものニュートリノが検出され、天文学者が狂喜乱舞するはずである。

近くで起きた一つの超新星からのニュートリノをとらえるというのではなく、宇宙の長い歴史の中で蓄積されてきたニュートリノをとらえるという可能性も考えられている。初代の星や銀河が形成されて以来、無数の超新星爆発が無数の銀河で発生し、そのたびにニュートリノが放出されてきた。そのようなニュートリノは一部屋に一つほどの密度で、この宇宙を光速で飛び交っているはずである。

実は、筆者が大学院生として初めて取り組んだ研究は、当時稼働を始めたスーパーカミオカ

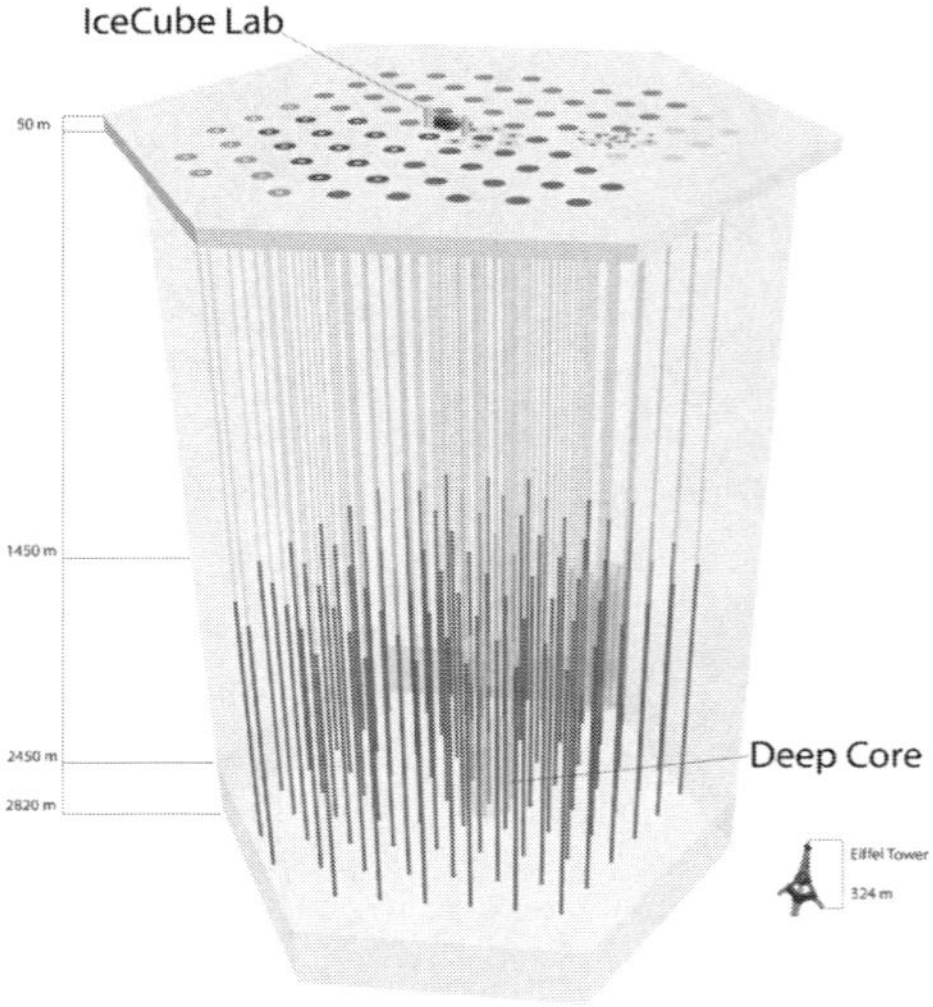

図 7-7　IceCube 実験の模式図
南極の氷の中にロープでつないだ多数の光センサーを埋め込み、ニュートリノが起こした反応で生じる光をとらえる。ロープの深さは地下3000メートル近くに達する。右隅に見えるのは比較対象のエッフェル塔。

ンデによってこの蓄積したニュートリノがいくつ検出されるか、というものであった。結果は、一年に1～2個。スーパーカミオカンデは動き始めて20年が経つので、その膨大なデータの中には、はるか昔に遠方の銀河を飛び立った数十個の超新星ニュートリノが含まれていることは、まず間違いない。だが残念なことに、実験的な雑音に埋もれてしまい超新星からのニュートリノがあるとは断定できないという状況である。

そして2013年、ニュートリノ天文学に新たなブレークスルーがもたらされた。超新星からのニュートリノは1粒子あたりのエネルギーがだいたい10メガ電子ボルト程度であるが、それよりさらに100万倍から1億倍もエネルギーの高いニュートリノが宇宙から飛来しているのを検出したのだ。このような超高エネルギーのニュートリノをとらえるには、スーパーカミオカンデよりさらに大きな検出器が必要で、人工のタンクなどは作っていられない。そこで南極の氷を巨大な検出器として、地球の裏側（つまり北極の方向）からやってくるニュートリノをとらえるという、大胆な実験である（図7−7）。

このIceCube（アイスキューブ）と名付けられた実験によって、これまでに数十を超える超高エネルギーニュートリノが検出されている。到来方向は、全天のどの方向からもほぼ一様にくるらしい。つまり、銀河系の外からやってきていることを示唆している。恐らく、なんらかの天体が高エネルギーの宇宙線やガンマ線を生み出す際にニュートリノも発生しているのであろう。

そこで早速、検出されたニュートリノの方向にそれを生み出しそうな天体がないかどうかが調べられたわけだが、今のところ、これといった天体が見つかっていない。ニュートリノの到来方向の決定精度は1度程度であり、その中には普通の銀河ならば掃いて捨てるほどの数で存在する。1度の領域内に稀にしか見つからないレアな天体がニュートリノ源であれば見つかるはずだが、どうもそうではないようだ。今、世界中の天文学者がこのニュートリノの発生源を突き止めようと、様々な波長でニュートリノの到来方向を観測している。

時空のゆがみで宇宙を見る――重力波

最後にもう一つ、重力波の話もしておかねばならない。大きく報道されている通り、2015年以降のこの分野の進展はただ怒濤という言葉しか思い当たらない。重力とは時空構造のゆがみであった。なにも物質がない真空であっても、そこにわずかな時空のゆがみがあると、それが波となって光速で伝わることがアインシュタイン方程式から示される。これが重力波である。

ブラックホールや中性子星などの二つの超高密度星が連星を組んでいると、ぐるぐる回る二つの星の重力のために周囲の時空構造がめまぐるしく変わる。これが重力波となって四方八方にエネルギーを持ち去ることになる。二つの連星はエネルギーを失うと、その距離を縮めていき、やがて合体して一つになる。その際に最大強度の重力波が放出されることになる。

重力波自体は一般相対論の完成直後の1916年にアインシュタイン自身が予言したものである。そして遠方のブラックホールや中性子星の合体からの重力波を地球でとらえようという試みも長年行われてきた。一辺数キロメートルの距離で人工レーザー光を飛ばしている状態で、そこに重力波がやってくると、時空のゆがみによってわずかにレーザー光が通過する経路の長さが変わる。これを検出しようというものだ。

だが、地球に届く重力波によって空間の長さが変わるその割合はわずかに10の21乗分の1ほど

図7-8 LIGO実験の重力波検出器（米国リビングストン）
巨大なL字形の観測装置で1辺が約4kmにも及ぶ（Image credit Caltech/MIT/LIGO Lab）

で、数キロメートルの光の経路に生じる長さの変化量は原子核の中にある陽子の大きさのさらに1000分の1という小さなものになる。筆者が大学院生であった1990年代、すでに日米欧でレーザー重力波検出器のプロジェクトが進められていたが、正直言って重力波が検出できるのは遠い将来の話という印象であった。当時、暗黒物質の正体解明と重力波の検出と、どちらが早く実現するか、という賭けをしてみたら、私も含め多くの人は暗黒物質の方に賭けただろう。

だが2000年代に入り、特に米国のLIGO実験（図7-8）で急速な感度向上が実現し、ついに2015年9月、30太陽質量ほどの二つのブラックホールの合体による重力波が検出されてしまった。LIGOが目標到達感度に達したと聞いてからほどなく、あっけないほど早く実現したという印象であった。信念を持って大勢で力を合わせれば、人間に不可能なことなどないのだという気持ちにさせてくれるほどの快挙と言える。そしてこの発見が公表されたのは2016年、アインシュタインが重力波を予言してからちょうど100年後というのもなにやらできすぎた話である。

これによって、相対性理論の正しさが改めて証明されるとともに、ブラックホールが本当に存在するという、これまでで最も強力な証明が得られたことになる。そして2017年の夏には、今度は中性子星同士の合体からの重力波が検出された。ブラックホール同士の合体では電磁波でなにか光ることは期待できないが、中性子星同士の合体では一部の物質が外に飛び出し、電磁波でも光ることが期待されていた。そして世界中の天文台や人工衛星が望遠鏡を向けたところ、予想通り、中性子星から飛び出した高密度物質が原子核崩壊の熱で温められて光る現象が可視光で観測された。

星の内部で安定して起こる核融合反応では、原子核として最も安定した元素である鉄までしか生成されない。だが自然界には、鉄よりはるかに重い金やウランなどの元素が存在する。これらは爆発現象など、なんらかの不安定で突発的な現象から作られる必要がある。その候補として、超新星や連星中性子星合体が長年議論されてきた。中性子星合体からの可視光放射は、この説を強く裏付けるものとなった。

この数年の重力波天文学の誕生と進展は、物理学や天文学の歴史の中でも数十年に一度あるかないかという、大変なものである。だが、ここまで素晴らしいと少しぐらいケチをつけたくなるのも人情というものだろう。確かに素晴らしい成果だが、あまりに予想通りすぎて面白くないのである。一般相対性理論はやはり正しい、アインシュタインはやはり偉大だ、というだけでは新しい知見は得られない。太陽からのニュートリノを測ってみたら予想の半分しかなかった、というような予想外のことが起きてくれた方が、研究者は色めき立つものである。それはどうしてだろう、と考えるところから次の科学の発展が始まるからだ。

もちろん、重力波天文学はまだ始まったばかりである。いずれ、そのような予想外の展開、例えば一般相対性理論の予想からのズレが検出されるといった驚きのニュースが聞けることを楽しみにしている。

第8章

最遠方天体で迫る宇宙の果て

最も明るい天体で、最遠方宇宙に迫る

様々な手段による宇宙観測で人類の知る宇宙はどんどん広がっている。すでに述べた通り、我々が原理的に観測できる宇宙は地平線である464億光年先であり、また実際に人類が見ている最遠方の宇宙の姿は、宇宙マイクロ波背景放射で455億光年先である。

宇宙マイクロ波背景放射で見える宇宙は、まだ宇宙に天体が誕生する以前の、ほぼ一様な密度でわずかにムラがある姿である。だが現在の宇宙は、銀河をはじめ様々な天体で満ちている。天体の誕生と進化の歴史をひもとくという意味では、最も遠方（すなわち過去）にある天体を見つけることこそがフロンティアとなる。そして人類の宇宙観測は、初代の天体が形成されたと考えられている宇宙誕生後1億～10億年という時代に手が届く（目が届く、というべきか）ところまで来ている。

この、最遠方天体の探索をリードする観測波長は最も歴史の長い可視光と、それに連なる近赤外線である。天体としては3種の天体、すなわちクェーサー、銀河、そしてガンマ線バーストが熾烈なトップ争いを演じている。これらを順に紹介し、そして将来の展望について述べてみよう。

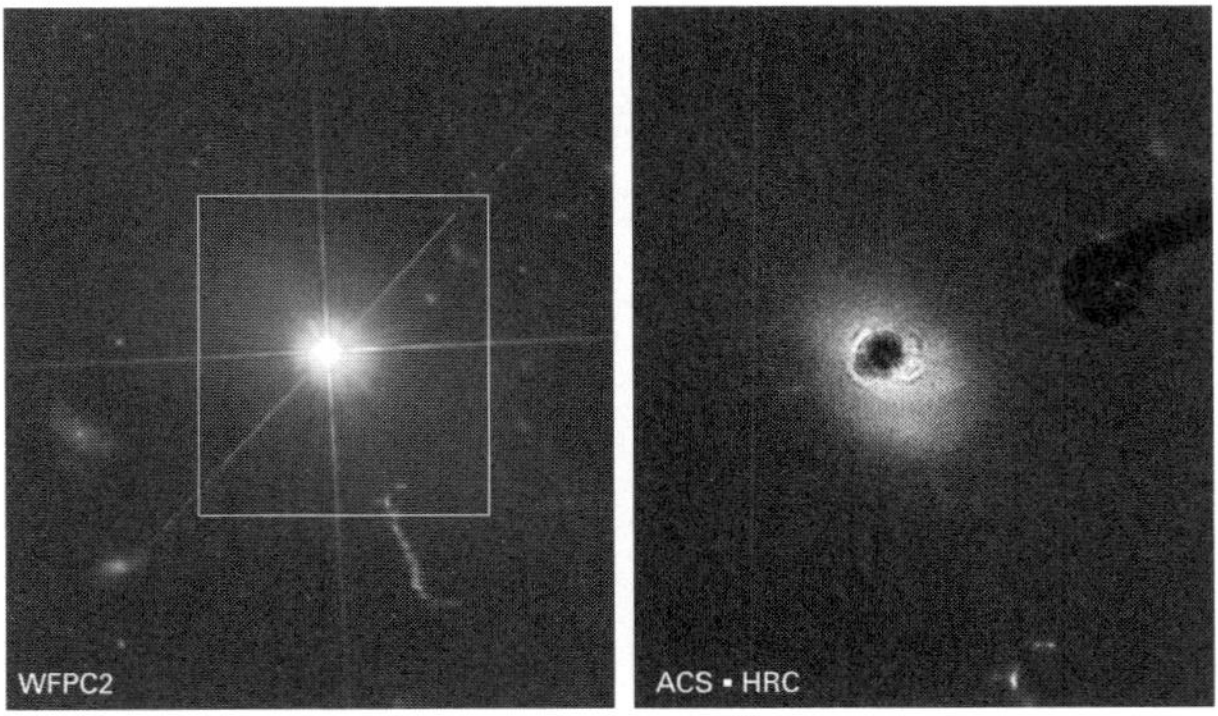

図8-1　ハッブル宇宙望遠鏡で撮影されたクェーサー（画像左）、中心を隠すと母銀河がうっすら見える（画像右）（Image credit　NASA, A. Martel, the ACS Science Team, J. Bahcall, ESA, STScI-PRC03-03）

伝統の遠方天体クェーサー

クェーサーは1990年代後半に至るまでの長年、最遠方天体の座を占め続けた伝統のスターである。銀河の中心の巨大ブラックホールが明るく輝く現象である活動銀河中心核の中でも、最も明るい種族がクェーサーである。あまりに明るいため、それが属する銀河（母銀河と言う）の光がほとんど目立たず、また、サイズが小さいため望遠鏡で見ても画像としては分解できない、ただの点に見える（図8－1）。可視光で宇宙を観測すると、銀河系内の恒星はただの点に見えるのに対し、銀河系外の銀河はその大きさが像として分解され、広がって見える。つまりクェーサーは一見、恒星とは区別がつかない。クェーサーという言葉は、「準恒星状天体」を意味する英語quasi-

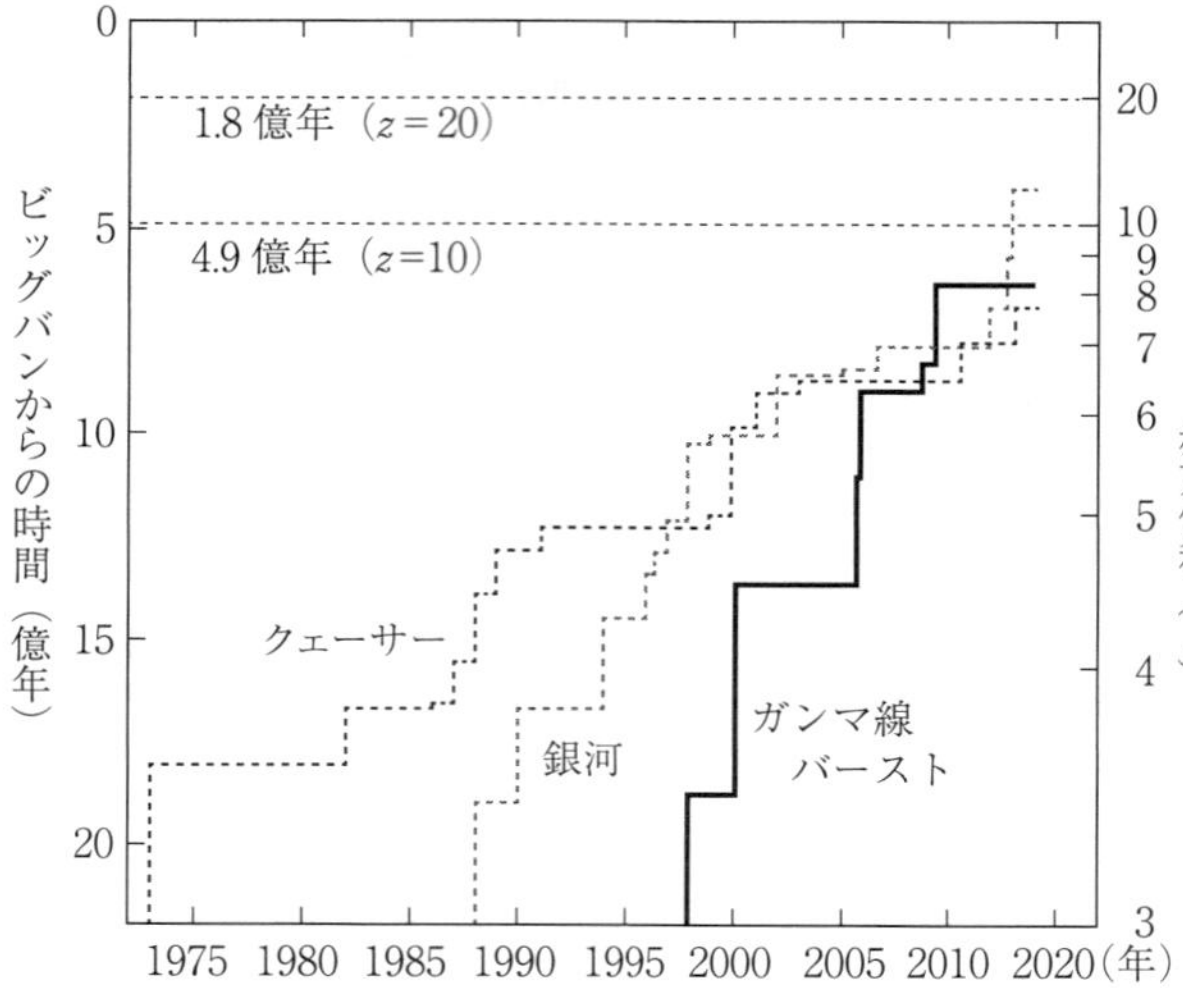

図8-2　クェーサー、銀河、ガンマ線バーストの最遠方赤方偏移vs.西暦

stellar object の短縮形である。

ところがこのクェーサーを分光、つまり光を波長ごとに分けたスペクトルをとると、特定の原子から出る光の波長が大きく伸びていて、赤方偏移していることがわかる。1963年、最初に赤方偏移が判明したクェーサー3C273は波長が1・158倍（つまり赤方偏移z＝0・158）に伸びており、その距離は24億光年ということになる。その後1970年代には最遠方のクェーサーはz＝3を超え、1990年代にはz＝5に到達した。距離にして259億光年、宇宙が誕生して12億年の頃の天体である（図8－2）。この頃まで、最遠方天体の世界はクェーサーの独壇場であった。

銀河による最遠方宇宙の探査

この状況が変わったのは1990年代後半、最遠方の銀河の距離がクェーサーのそれを上回った時である。クェーサーもまた銀河の中に存在するのだから銀河とも言えるが、ここでは活動銀河中心核を持たない普通の銀河という意味である。この頃、私は駆け出しの大学院生であったが、この逆転劇は当時の天文学者にとっても大きなニュースであったらしい。とある先生が研究会の講演で、「銀河研究者の間では『銀河がクェーサーより遠くなりましたなぁ』というのが最近の挨拶になっている」という話をしていたことを覚えている。全くの余談ながら勢いで書いておくと、銀河研究者の新年の挨拶における定番ネタは「銀河新年」である。

さて、この逆転劇が起こった背景にはいくつかの理由がある。単に夜空の写真を撮り、そこに写っている銀河を探す「撮像観測」に比べて、スペクトルを取得するための分光観測は比べものにならないほど大変である。望遠鏡の視野内にあるすべての天体を一度に写せる撮像に比べて、分光ではまずターゲットを決めなければならない。一度に観測できるターゲットは一つか、装置によっては一度に複数の天体を分光できるものがあるが、いずれにせよ数は限られる。そして、ただでさえ微弱な遠方の天体からの光を波長ごとに分けるのだから、撮像観測に比べてずっと明るい天体でないとスペクトルはとれないのだ。

そのため、銀河よりずっと明るくて分光しやすいクェーサーがまず、最遠方天体のレースで独走した。だが、望遠鏡の感度が向上し、暗い銀河でも分光できるようになってくると状況が変わる。もともと、クェーサーのように明るい天体は宇宙の中でも極めて稀であり、普通の銀河に比べればその数密度はざっと1万分の1ほどでしかない。したがって、ひとたび暗い銀河が分光可能になれば、圧倒的多数を占める銀河の中にクェーサーの距離を凌駕するようなものが含まれていても、驚くに値しない。

だが問題は、撮像観測で見えてくる多数の銀河の中から、いかに最遠方のものを選んで分光観測のターゲットに選ぶか、ということである。赤方偏移$z=1$を超えるような暗くて遠方の銀河は、1平方度あたり10万個以上もある。これは、同じ領域内に見える銀河系内の星の数を大きく凌駕する。俗に多数のものを形容する際、「星の数ほど多い」という言い方をするが、遠方宇宙を観測する者にとって銀河は「星の数より多い」のである。

ここから最も遠い銀河を一つ選べと言われても困りそうなものだが、自然は実にうまい方法を我々に用意していてくれた。すでに述べた通り、銀河間空間には銀河間ガスが満ちており、その主成分は水素である。遠方の銀河からの光は必ずこの水素ガスの海を渡ってくることになる。宇宙誕生後5億年程度で起きたとされる宇宙再電離以降、この水素ガスはほとんど電離されているが、それでもわずかに中性水素原子も存在している。

中性水素を電離する、つまり原子核と結合している電子を引き剝がすのに必要なエネルギーは13・6電子ボルトで、これよりエネルギーが高い光子は水素を電離することができる。これは波長で言えば0・091マイクロメートルより短いということで、紫外線である。銀河から光が放たれた時、このような光は銀河間にある中性水素ガスを電離することで吸収されてしまう。この銀河のスペクトルを見ると、0・091マイクロメートルを境として短波長側だけが著しく減光して見えることになる。

スペクトルに刻まれたこの痕跡は、我々に届く時には当然ながら赤方偏移によって波長が伸びて見える。赤方偏移$z=5$の天体なら、6倍に伸びるから波長は0・55マイクロメートルの可視光線である。この痕跡は、わざわざ大変な分光観測をしなくてもとらえることができる。夜空の写真を撮る撮像観測では、可視光線の中でも赤い光、青い光といった、一部の波長領域だけ光を通すフィルターを通して行われるのが普通である。例えば、波長0・55マイクロメートル以下の光だけ通すフィルターと、それ以上の光だけ通すフィルターで2枚の写真を撮ると、$z=5$の天体は後者だけで明るくなるはずである。

このようにまず撮像観測で遠方銀河候補を選び出し、それを分光観測で確定するという方法で、効率良く遠方銀河探しを行えるようになった。それが1990年代後半、最遠方天体レースで銀河がクェーサーを追い抜き、その後、両者による激しいデッドヒートとなった理由である。

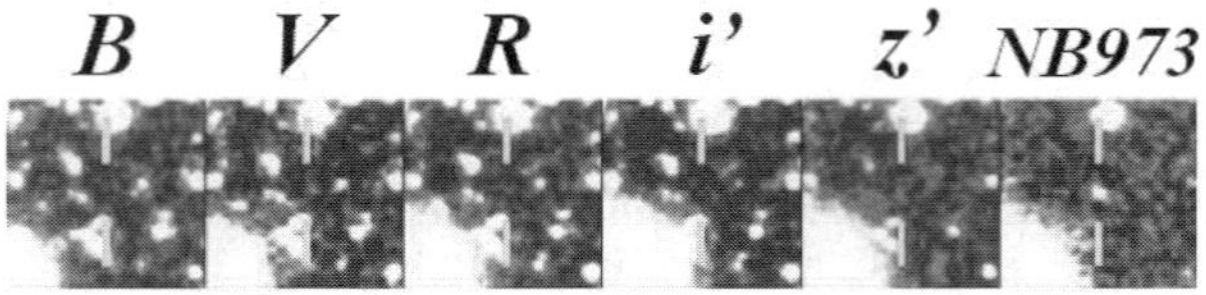

図8-3　2006年に発見された、当時の最遠方銀河
6種類のフィルターを通して同じ場所を撮影した画像を並べている。*B*, *V*, *R*, *i'*, *z'*はそれぞれ波長0.44, 0.55, 0.65, 0.75, 0.9マイクロメートル付近の光を通す一般的なフィルター。*NB973*は赤方偏移7付近のライマンα線だけを通す特殊なフィルターで、中心の小さな天体が赤方偏移7.0（宇宙誕生後8億年）の銀河である。（Image credit　Subaru Telescope, NAOJ）

単に0・091マイクロメートルより短波長側で暗くなるだけでなく、ある特定の波長だけで明るく輝く銀河もいる。水素原子の中に存在する電子の軌道エネルギーは様々な値をとり、異なる軌道に移る時に特定のエネルギー（すなわち波長）の光を出す。その中でも最も有名なのが「ライマンα線」で、波長0・12マイクロメートルである。

　星形成を活発に行っている銀河では、生まれたての星からの強い紫外線放射で電離された陽子と電子が再び結合して水素原子になる際に、ライマンα線を強く出すことがある。そうした銀河は容易に検出できるので、最遠方の銀河探しにうってつけである。図8－3は、いくつかのフィルターを通して見た遠方銀河の画像である。ライマンα線を含むフィルターだけで明るく見えていることがわかる。

　2000年代、すばる望遠鏡は最遠方銀河探しで独壇場とも言える大活躍を見せた。口径8メートルという意味では、すばるに匹敵する望遠鏡は他にも世界にいくつかあった。だが、視

野（一度に観測できる宇宙の領域の広さ）が圧倒的に広いという特長のおかげで、膨大な数の銀河の中から最遠方の銀河を見つけ出せたのだ。最遠方銀河のランキングで10位までのほとんどが、すばる望遠鏡が見つけた銀河に独占されていた時期もあったほどである。

颯爽と登場したガンマ線バースト

このクェーサーと銀河のデッドヒートに突如、殴り込みをかけてきたのがガンマ線バーストと呼ばれる天体である。この天体現象が初めて認識されたのは1960年代後半とされている。当時世界は冷戦のまっただ中であり、米国が旧ソ連の核実験を監視するために、核爆発で生じるガンマ線をとらえる人工衛星を軌道に上げたのがきっかけである。やがてわずか数秒から数十秒程度の間、突然ガンマ線がやってくる現象が見つかった。調べてみると、どうも核実験ではなく、宇宙からやってくる天文現象ということになった。

当然ながら当初は軍事機密であったため、天文学の論文誌にその現象が公表されたのは1973年であった。この事例から想像を膨らませれば、ひょっとしたら、今から10年後に、北朝鮮の核実験を監視する米国や日本の機密活動から新しい自然現象の発見が公にされないとも限らない。

存在が公にされてもガンマ線バーストは長らく謎の天体であり続け、正体が判明するまで実に

30年もの歳月がかかっている。太陽系で起きているのか、あるいは宇宙論的な遠方なのか、その距離すら皆目わからない時代が続いた。当初、ガンマ線バーストの正体は、我々の銀河系内の中性子星が有力候補とされていた。しかし、1992年に空のどの方向でも同じ頻度で発生していることが判明すると、一転して宇宙論的な遠方説が注目されるようになった。銀河系内起源なら、銀河円盤に沿って集中して起こるはずだからである。だがそれでも、ガンマ線の到来方向は角度にして数度の精度でしか決まらなかったため、その方向にある膨大な数の銀河のどれからやってきているかを決める術はなかった。

そこで1995年、ガンマ線バーストについて「大論争」が行われた。そう、シャプレーとカーティスが対峙した、あの1920年の大論争にひっかけて、75年前と全く同じ講堂で開催されたというのだから洒落ている。この時対峙したのは宇宙論的遠方説を唱えるボーダン・パチンスキーと、銀河系内説を唱えるドナルド・ラムであった。

このパチンスキー先生は、ポーランド出身のプリンストン大学教授で、私が2000年代初頭にプリンストンに滞在した折、ホストになってくれた方である。ガンマ線バーストのみならず、天文学の様々な分野で画期的な業績を残した、天才的な人だった。知り合いのポーランド人の天文学者がこんなことを言っていたのを記憶している。「ポーランドは二人の偉大な天文学者を出した。一人はコペルニクス、もう一人がパチンスキーだ」

さて、疑いようのない形で距離が定まったのはそれから2年後の1997年、新しい人工衛星ベッポサックスのおかげで到来方向がより精度良く決まるようになってからである。ガンマ線バーストの直後にまず、X線で残光が見つかった。X線はガンマ線よりも精度良く到来方向が決まるため、その方向に可視光望遠鏡を向けることで可視光残光も見つかった。可視光の残光を分光してみると、果たせるかな、赤方偏移$z=1$程度のスペクトル線が見つかり、確かに100億光年以上の宇宙論的な遠距離からきていることが確実になった。

現在では、ガンマ線バーストには継続時間で約2秒を境として、短いものと長いものの2種族があることがわかっている。2003年、ある長いガンマ線バーストを詳しく見ると、残光が消えた後に超新星として光っていることがわかり、この種族は特殊な超新星が生み出していることが判明した。ガンマ線バーストの存在が公表されてからちょうど30年である。短い種族の方は、連星中性子星の合体という説が有力だったが、ついに2017年、連星合体からの重力波とほぼ同時にこの種族のガンマ線バーストが発生したことで実証された。

このガンマ線バースト自体が、実に過激で面白い天体なのだが、道具としてもまた有用である。超新星よりはるかに明るいので、遠方の宇宙で起きても検出可能である。つまり、遠方すなわち昔の宇宙をさぐる良い道具になるわけだ。実は、筆者が大学院生時代の1997年に初めて単独で論文を書いたのは、ガンマ線バーストを使うと宇宙で星や銀河が作られてきた歴史がわか

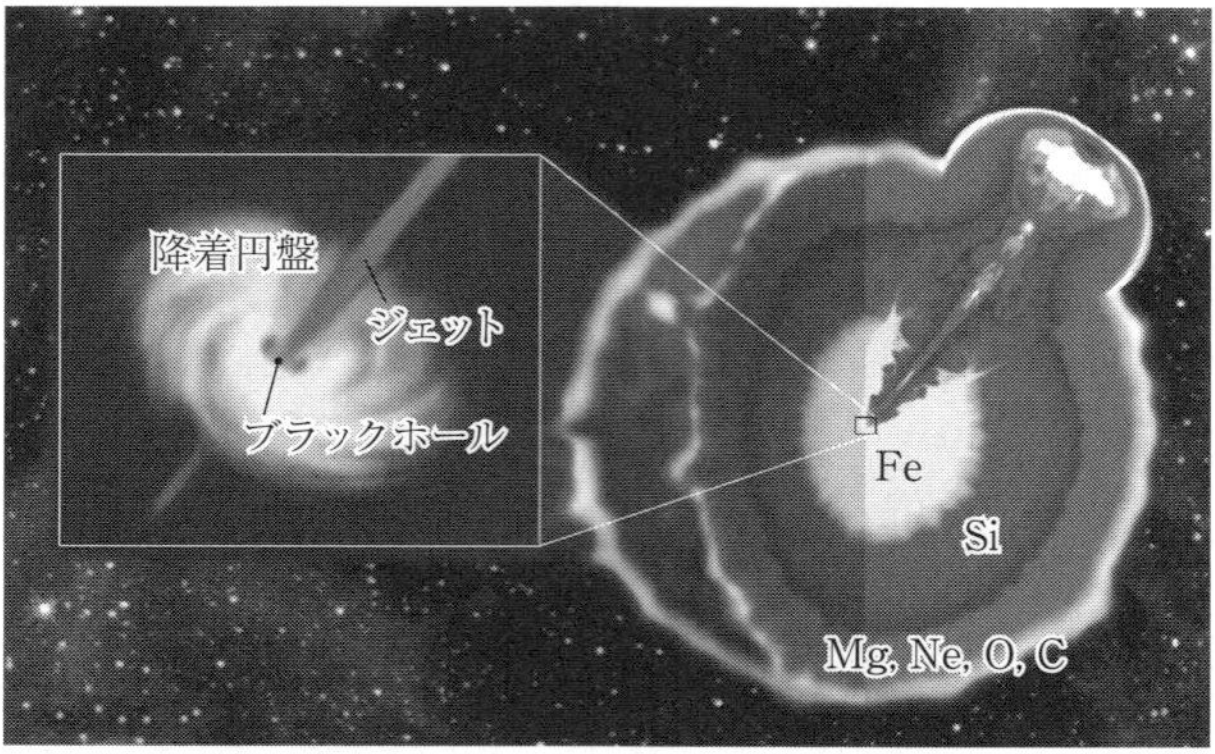

図 8-4　継続時間の長いガンマ線バーストの想像図
太陽の数十倍の重さを持つ大質量性の中心部で、重力崩壊によってブラックホールが生まれ、その周りに降着円盤とジェットが形成される。ほぼ光速のジェットが星の外層を突き破った時にガンマ線バーストとして観測される
（Image credit　京都大学 / 戸谷友則）

る、という理論予想であった。

ガンマ線バーストは超新星などの星に関連した現象の可能性が高いから、宇宙の各時代での発生数はその時に作られた星の数に比例する。遠くのガンマ線バーストほど昔の星形成を反映しているのだから、ガンマ線バーストの距離ごとの発生数を見れば、宇宙における星形成の歴史がわかるというわけだ。

この論文を世に出した直後、すでに述べたようにガンマ線バーストが宇宙論的遠距離であることが確定した。この研究をパチンスキー先生が高く評価してくれ、私はプリンストンに滞在するというご縁をいただいた。筆者にとってガンマ線バーストは決して足を向けては寝られない天体というわけである。

その後、私の論文を発展させる研究がいろいろ行われたが、その中にマーテン・シュミットという人の論文があった。2000年に米国で行われたガンマ線バーストの研究会で、私はその人から話しかけられた。私の研究を評価してもらえて嬉しくはあったが、その人についてはよく知らなかった。ずいぶん後になって知ったことだが、このシュミット氏はクェーサーが銀河系外にある遠い天体であることを初めて発見した人であり、また、星形成に関する有名な「シュミットの法則」を提唱したことでも知られる、とんでもなく偉い人であった。無知というのは恐ろしいものである。

その後、さらに遠方のガンマ線バーストも見つかるようになり、2005年には赤方偏移z＝6・3（宇宙誕生後9億年）という、当時のクェーサーと銀河の最遠方記録に迫るものが見つかった。このバーストの可視光残光を分光し、赤方偏移すなわち距離を決めたのは日本のすばる望遠鏡の成果である。

単に最遠方のガンマ線バーストを見つけただけではなく、宇宙の進化史について重要な知見も得られた。これほど昔の時代になると、銀河間ガスが初代銀河によって電離されたという「宇宙再電離」の時代に近いはずだが、その詳しい時期はわかっていない。遠方銀河からの紫外線が中性水素原子に吸収されるのと同じで、可視光残光を詳しく調べれば、このガンマ線バーストが発生した周囲の銀河間ガスの電離状態がわかる。筆者はすばる望遠鏡チームの一員としてこのデータの解析を担当し、この時代すでに宇宙が再電離していたという証拠を得た。ガンマ線バーストを道具として初めて宇宙再電離についての情報を引き出すという、歴史的な瞬間に立ち会えたことは研究者として実に幸運であった。

ガンマ線バーストの躍進はさらに続き、2009年には赤方偏移z＝8・3（宇宙誕生後6・3億年）のバーストがとらえられた。これは、当時の最遠方銀河やクェーサーを凌駕し、ガンマ線バーストが人類の知る最も遠い天体になった瞬間でもあった。

長年レースを繰り広げた銀河やクェーサーにとっては、ガンマ線バーストはまさに「彗星の如く」現れたと言えるだろう。だが、実際の天文現象としての彗星が夜空に現れる時間スケールは数ヵ月だ。急に頭角を現した人物などに対して比喩で使われる天文現象は他にも「新星」や「超新星」があるが、これらも実際には数週間ほどかけて明るくなっていくものだ。

これに対してガンマ線バーストは、秒以下という短時間で突然輝き始める。ガンマ線バーストの前では彗星や超新星など、実にのどかなものと言っていい。「赤い彗星」とは言わずと知れたシャア・アズナブルの異名であるが、近い将来、それを上回るスピードを誇る「赤いガンマ線バースト」を異名に持つキャラクターが登場してほしいというのは、筆者の密かな願いである。

これからどこまで見えるのか——巨大科学の行き着く先

最遠方天体のレースはガンマ線バーストの天下になるのかと思いきや、そう単純ではなかった。遠方のガンマ線バーストの発生頻度は低く、ほどなく銀河にまた抜かれ、現在の最高記録は赤方偏移11・02（宇宙誕生後4・2億年）の銀河である。一方で、現状で人類が持つ天文観測施設（地上における8メートル級望遠鏡、宇宙望遠鏡では可視光のハッブルや赤外線のスピッツァー）では、そろそろ頭打ちという状況になりつつもある。これだけの望遠鏡が地上にも宇宙にもある中で、さらに上を目指すというのは科学、あるいは人類の宿命なのだろうか。

すでに述べた通り、銀河を出る光で波長が約0・1マイクロメートルより短いものは我々に届く前に激しく吸収されてしまうため、赤方偏移が $z=7$ を超えると観測できる光の波長は可視光線の領域を外れて赤外線となる。可視光望遠鏡であるハッブルの限界がここにある。そこで最遠方宇宙に迫る次の切り札とされているのが、米国のジェイムズ・ウェッブ宇宙望遠鏡（James Webb Space Telescope、JWST）である。ハッブルの口径2・4メートルを上回る、口径6・5メートルの大望遠鏡で、しかも赤外線を狙う。2020年に打ち上げが予定されている。

地上でも次世代への動きが進んでいる。現在の8メートル級を大きく上回る30メートル級の光学・赤外線大望遠鏡の計画が世界で三つも進んでいる。日本が参加しているのはハワイに建設予定のＴＭＴ（Thirty Meter Telescope）で、２０２７年完成予定だ。地球大気に邪魔されるとはいえ、その大口径による集光力と、大気による像のゆらぎを補正する補償光学の技術によって、特に分光観測ではＪＷＳＴを上回る性能を持つ。ＪＷＳＴで見つけた宇宙最果ての天体を、ＴＭＴで分光してその性質を詳しく調べる、といった役割分担が期待される。

というわけでこれから10年ほどの間に、人類による最遠方宇宙の探求は再び大きな革命期を迎えることだろう。赤方偏移$z=20$（宇宙誕生後１・８億年）という超遠方天体も見つかるかもしれない。楽しみはつきないといったところだが、しかしここまで巨大化した最先端望遠鏡は一体どこまで発展するのだろうか。予算的にもマンパワー的にも、もはや世界でせいぜい一つか二つしか作れないスケールに到達してしまっている。そのようなことを書いている時、ちょうど印象的なニュースが飛び込んできた。米国の天文学でＪＷＳＴの次の旗印となるはずだった大型赤外線宇宙望遠鏡計画、ＷＦＩＲＳＴがキャンセルされてしまったというのだ。コストが高すぎるという理由である。

この話を聞いてすぐに思い出されたのは米国の素粒子加速器計画ＳＳＣの事例だ。１９８０年代に計画された、実現すれば世界最大の加速器となる巨大プロジェクトだったが、コストが膨らみすぎたために政治判断で中止に追い込まれた。あまりに巨大化した加速器による素粒子研究が、人類の限界に突き当たったと言える。

そして現在の天文学プロジェクトの巨大化は、数十年遅れてそれを追っている感がある。基礎物理法則の探求という絞られたテーマを狙う素粒子物理学に比べて、天文学の対象である天体現象は極めて多様性に富んでいる（文字通り、「星の数ほど」？）。ゆえに一概に比べることはできないが、天文学が一つの曲がり角にきていることは事実であろう。「宇宙の果て」に挑む科学は「巨大化の果て」を前に膝を屈するのだろうか。宇宙の真理の探究という、実生活の役に立たないことに巨大な税金とマンパワーを投入して挑む「巨大基礎科学」がこれからどうなっていくのか、興味深い問題である。

この問題を考える上で一つ面白いエピソードがある。ＳＳＣの中止は、多数の実験素粒子物理学者が他の分野に転向するきっかけとなった。その中には、宇宙物理や天文分野に移ってきた人たちも多い。例えば、超新星を使った距離測定により宇宙の加速膨張を発見し、２０１１年のノーベル物理学賞を受賞したグループも然りである。さらには最近、重力波の検出で２０１７年のノーベル物理学賞を受賞した三人のうち、バリー・バリッシュもまたＳＳＣに携わっていた素粒子物理学者だった。

彼ら転向者がノーベル賞を取るような素晴らしい研究をできたのは、単に彼らが有能であったからだけではないだろう。ある分野で培った知識を他の分野に移植することで、新たなイノベーションが生まれることは多い。天文学のプロたちにとってもむろん、超新星を距離指標とするアイデアは昔からあった。だが、加速膨張を検証できるような遠距離に適用するには様々な困難があり、実際には無理だろうと考えられていたらしい。だが新参者はその分野にこびりついた無用な固定観念とも無縁である。だからこそ、一見無謀な挑戦ができる。そして一度挑戦してみると、あれやこれやのうちに実はできてしまった、ということはよくあるものだ。

こうした事例について、パチンスキー先生は、こんな言葉を残している。「彼らは、『そんなことはできない』ということを知らなかった。だから彼らはやってみることができたのさ」

そういえば、司馬遼太郎の小説を読んでいて「革命を起こすのは常に非専門家である」という言葉が印象に残ったことを覚えている。また明治期の物理学者・随筆家として高名な寺田寅彦は次のような言葉を残している。「科学者になるには『あたま』がよくなくてはいけない、というのは確かだが、一方でまた、科学者はあたまが悪くなくてはいけない」。科学のみならず、新しいことに挑戦するものすべてにとっての金言であろう。

いずれにせよ、限界まで巨大化した一つの分野が挫折するのは悪いことだけではなく、むしろ次の科学の多様な発展につながる芽となるとも言えるだろう。かつて恐竜が絶滅しても、哺乳類が新たな時代を作ったように。

宇宙背景放射と宇宙の果て――宇宙は何色？

本章を閉じるにあたり、現在、人類が宇宙をどれだけ遠くまで見通しているのか、もう一つの指標を紹介しておこう。電磁波が宇宙を一様に満たして飛び交っている状態を宇宙背景放射というう。ビッグバンの名残である宇宙マイクロ波背景放射についてはすでに何度か触れたが、マイクロ波に限らず様々な波長で宇宙背景放射が存在している。

「天の川」という言葉は聞いたことがあるだろう。雲のようにぼうっと淡く光って見える放射を背景放射という。天の川もまた背景放射と言えるが、その実体は肉眼では見えない暗い星の集まりである。銀河円盤の中に住む我々が見ると、空に一筋の川のように見えるものだ。同じように、既存の望遠鏡で見てなにも天体が写らない漆黒の空の領域も、我々がまだ検出できない無数の暗い遠方銀河が総体としてぼうっと光っているはずである。

これはつまり、宇宙というのは我々がイメージするような真っ暗なものではないことを意味している。昼間の空は何色かと聞かれれば、誰もが青と答えるだろう。一方で、夜空が暗いのは単に我々の目の感度が悪いだけのことであり、きちんと測定すれば一定の明るさで夜空もまた輝いていて、色を持っているはずなのだ。

そもそも夜空が暗いということ自体、実は考えてみると不思議なことなのである。星や銀河が一定の密度で宇宙全体に無限に広がっているとしよう。その場合の宇宙背景放射を計算してみると、無限大に発散してしまう。夜空は暗いどころか、無限に明るいはずなのだ。19世紀の天文学者の名前をとり、これをオルバースのパラドックスと呼んでいる。

むろん、これは無限に広がる宇宙を前提としており、宇宙が有限であれば話は変わってくる。現在のビッグバン宇宙論では、空間方向には無限に広がっていても構わないが、宇宙は138億年前に生まれたという時間方向への有限性により、我々が光で見ることのできる宇宙の大きさも有限になる。これによりパラドックスは解決している。夜空が暗いというごくありふれた事実が、実はビッグバン宇宙論の傍証を与えているとも言える。だが一方で、夜空の明るさ、つまり宇宙背景放射の強度は決してゼロではなく、なんらかの値を持っていることになる。

可視光波長域の宇宙背景放射は、銀河系の外にある銀河からの光の総量である。望遠鏡で見ると、このうち何割かは明るい銀河として検出され、残りの暗くて検出できない銀河の光が背景放射となる。当然ながら、その割合は観測の感度に依存する。肉眼ではぼうっと広がったように見える天の川も、高性能の望遠鏡で見れば星々の集まりであることがわかるように、宇宙を深く見れば見るほど、宇宙背景放射は個々の銀河に分解されて見えることになる。

したがって、人類の最高感度の観測で、宇宙背景放射の何割が銀河に分解されているかは、人類が宇宙をどれほど見通したのかという指標となる。可視光域ではなんと言ってもハッブル宇宙望遠鏡による「ハッブル・ウルトラ・ディープ・フィールド」(カラー口絵図3-2)である。お隣の近赤外線では地上の大望遠鏡が強く、1999年にすばる望遠鏡で観測された「すばるディープ・フィールド」（カラー口絵図8－5）は現在でも、この波長で最も深く見た宇宙の姿の一つである。

筆者らはかつて、このハッブルやすばるの深宇宙画像を解析し、宇宙背景放射の何割が銀河に分解されて写っているかを詳しく調べたことがある。その結果は、実に90パーセント以上もの背景放射はすでに銀河に分解されているというものだった。背景放射という観点で言えば、人類はすでに宇宙をほぼ見通したと言って差し支えない。あまり知られていないのが残念だが、人類の一つの偉大な到達点と言ってよいように思う。

さて最後に、「宇宙は何色？」という話をしておこう。昼間の空が青いように、可視光域の宇宙背景放射がゼロでない強度を持つということは、その色があるはずである。これが実は、クリーム色に近い感じになる。本書のカバーにその色を用いてあるのでご覧いただきたい。そして想像してみてほしい。宇宙といえば漆黒の闇に星や銀河が浮かんでいるイメージだが、よく目をこらせばその漆黒の宇宙空間はクリーム色に輝いているのである。

第9章

宇宙の将来、宇宙論の将来

宇宙は将来どうなるのか

本書の最後に、未来に目を向けてみよう。人類が認識する4次元時空の中に広がる宇宙という観点で言えば、未来の宇宙がどうなるかを予測することもまた、「宇宙の果て」に迫る営みの一つと言える。

暗黒エネルギーによる宇宙膨張の加速

この話をするにはまず、暗黒エネルギーと呼ばれるものについて説明せねばならない。これは本質的には、アインシュタインが提唱してその後に撤回したあの「宇宙定数」が、詳しく観測してみるとやはりゼロではないらしいというものである。1990年代から2000年代初頭にかけて、大望遠鏡の登場による天文観測能力の著しい向上や、人工衛星による宇宙マイクロ波背景放射の精密観測が可能となった。こうした観測データを基礎物理学理論と突き合わせることで、宇宙における様々な物質の存在量や、宇宙の膨張速度が精密に測られるようになった。

現在の宇宙に存在する物理的実体としては、元素や電子といった通常物質に加えて電磁波がまず挙げられる。そして、通常物質の5倍ほどの量で正体不明の暗黒物質が存在しており、それが銀河や宇宙大規模構造の形成をつかさどっていることはすでに述べた。宇宙膨張を決めるアインシュタイン方程式は、これらの物質量と宇宙の膨張速度（ハッブル定数）の関係を定めている。両者の観測値はこの方程式を満たすような値になっていなければならない。ところが、観測されたハッブル定数の方が明らかに大きな値で、食い違っているのである。

これを簡単に解決する方法が一つある。アインシュタイン方程式の中の宇宙定数がゼロでない値を持つと仮定することだ。宇宙定数は物理的には真空のエネルギーと解釈できるのであった。ハッブル定数は宇宙のエネルギー密度が高いほど大きくなるから、宇宙定数の値を適当に調整すれば上に述べた矛盾は解決する。現在では、これ以外にも様々な観測的検証がなされていて、とにかく宇宙定数をほどよい値にすれば、現在我々が持っているすべての観測データに矛盾のないビッグバン宇宙モデルを作ることができる。そして、それに対抗できる他の有力なモデルも知られていない。

不思議なのは、長い宇宙の歴史の中で我々が生きる現代（といっても、宇宙誕生後ざっと100億年程度、という意味だが）になって初めて、宇宙定数がその効果を見せ始めたという点である。その名の通り宇宙「定数」であり、いつでもどこでも同じエネルギー密度を持つ。一方で普通の物質や電磁波は、宇宙膨張とともに密度が減少していくから、初期の宇宙では宇宙定数のエネルギーなど相対的に微々たるものになってしまう。そして宇宙定数の密度が物質をちょうど逆転するというピンポイントの時代に、我々は巡り合わせたことになる。我々はどうやら、特別な時代に住んでいるという栄に浴しているようだ。

　ただし、宇宙定数と同種のものが宇宙のごく初期で重要な役割を果たしたと考えられる。そう、インフレーションである。宇宙の超初期における急激な宇宙膨張で、一様で巨大な宇宙を作り上げた力の源もまた、真空のエネルギーであった。ただ、インフレーションの時代は当然ながら今よりはるかに高密度であり、インフレーションを起こす真空のエネルギーもそれに対応した値でなければならない。そしてインフレーションが終わりビッグバン宇宙につなげるためには、真空のエネルギーは一度ゼロになったはずである。ところが完全にゼロになったわけではなく、何十桁も低い値で真空のエネルギーがなぜか残っていて、なぜかちょうど現在の宇宙で再び主要なプレイヤーとして現れてきたということになるのだ。

　この再び現れた真空のエネルギーは、厳密に「宇宙定数」と考えても今のところ矛盾はない。だが、インフレーションを引き起こしたものは、インフレーション終了時に消滅したのだから、厳密には宇宙「定数」ではない。現代の真空のエネルギーもまた、宇宙定数とは本質的には異なる可能性もある。そこで、なにやら正体のわからないエネルギーということで、暗黒物質になぞって「暗黒エネルギー」と呼ばれるようになった。この言葉の生みの親であるマイケル・ターナーは、「暗黒エネルギーについて我々がこれまでなしえたことは、名前をつけたことだけである」と述べているが、この問題の現状を的確に穿《うが》った言というべきであろう。

いずれにせよ、宇宙はこれから真空のエネルギーが支配的になり、そのため宇宙の膨張がますます加速することだけは確実である。それが永遠に続くのか、あるいはかつてのインフレーションのように、どこかの時点でまた真空のエネルギーがゼロになって普通のビッグバン宇宙に戻るのか、それは今のところ誰にもわからない。

加速膨張を始めた宇宙の運命

だが、加速膨張を始めた宇宙がどのようになっていくかは、我々が手にする物理法則に基づいて予想することが可能である。宇宙定数は引力である重力に対抗する斥力（反発し合う力）とも考えられるので、加速膨張が始まるとほどなく、重力によって新たに暗黒物質ハローや銀河が形成されることも止まってしまう。遠方の銀河が我々から遠ざかる速度はどんどん大きくなり、やがて我々とは光でも通信することが不可能な領域、つまり地平線の向こうに消え去ってしまう。

今から1000億年ほどの時間が経つと、加速膨張の効果はすでに十分に効いていることだろう。現在、ハッブル宇宙望遠鏡で深宇宙を眺めれば、それこそ無数の遠方銀河で宇宙は満ちている。だがその頃の宇宙では、我々の銀河系の外側には全く他の銀河が見えない状態になるだろう。そのような時代に生まれた天文学者はまことに不幸と言うほかない。ちなみに、我が銀河系やお隣のアンドロメダ銀河などは「局所銀河群」と呼ばれる銀河グループに含まれる。これはすでに重力で束縛された圏内にあり、加速膨張のためにバラバラになるということはない。ただし、銀河系とアンドロメダ銀河はあと40億年ぐらいで合体すると予想されており、そのころは一つの銀河になっているはずである。

銀河の運命

新たに形成される銀河がもはやないという状況の中、既存の銀河はどうなるだろうか。すでに重力的に束縛された銀河の内部では宇宙定数の効果より重力の方が強いため、銀河が膨張してバラバラになることはない。ただし、暗黒エネルギーが実は宇宙定数ではなく、時間とともにその密度が増大していくようなものだと、いずれその斥力が銀河の重力を圧倒して、銀河も、さらには星も地球もバラバラにしてしまうかもしれない。そのような可能性は理論的にありえないわけではないが、積極的に考える必然性も今のところはない。暗黒エネルギーは宇宙定数かそれに近いものであり、銀河はバラバラにならないという予想が標準的である。

だが、銀河が今の状態をいつまでも保っていられるわけではない。銀河の活動として最も顕著なのは星間ガスから星を作るというものだが、ガスには限りがあるため、やがてガスを使い果たして星形成も止まることになる。新たな星が生まれない中、寿命の短い大質量星から先に死に絶えていく。水素を燃やす普通の星、つまり主系列星で最も軽いものは太陽の10分の1ほどの質量であるが、そのような星の寿命は太陽よりはるかに長く、1兆年を超える。だが逆に言えば、今より数兆年先の未来ではすべての主系列星が死に絶えて、残されているのは白色矮星、中性子星、ブラックホールぐらいのはずである。重さが足らず主系列星になれなかった褐色矮星や、惑星にも生き残っているものがあるだろう。

君は生きのびることができるか

そのような超未来まで、人類が生き残れるかどうかは興味深い問題である。戦争による自滅や地球環境の変化を乗り越えて人類が存続していったとしても、まず50億年先には太陽が燃え尽きるという宿命から逃れることはできない。燃え尽きる際に太陽が赤色巨星となって膨張するなどの状況を仮に生きのびたとしても、地球の生命の基本的なエネルギー源である太陽なしで生きていくことを考えなければならない。例えば、恒星間航行技術が実現していれば他の恒星系に移住する手もあるかもしれない。

だがやがて、他の恒星もすべて燃え尽きてしまう時が訪れる。その時、なにからエネルギーをとればよいだろうか。地球など岩石型惑星に含まれるウランなどの核物質から原子核エネルギーを取り出すことは現在の技術を考えても十分見込みがありそうだ。木星型惑星に豊富に含まれる水素による核融合を用いれば、資源の量はさらに増える。もう一つ考えられるのは重力エネルギーである。ブラックホールや中性子星など、強力な重力を持って生き残っている天体があるはずだから、そこに人工的に物質を落とし、解放される光エネルギーを使う。その本質は水力発電と変わらない。

そして人類にとっての究極の危機は、陽子崩壊であろう。ある種の素粒子理論が予想するように、10の34乗年という時間が経つと陽子が崩壊してしまうのであれば、我々の生命活動を担う物質がすべて消滅してしまうことになる。陽子が崩壊するということは、すべての元素も消滅し、電子も陽電子と対消滅して消えてしまうということである。宇宙に残されるのは、光（電磁波）とニュートリノの他はブラックホールぐらいということになる。暗黒物質も残っているかもしれない。我々が生きのびるには、それらのみを利用した生命体に進化する必要がある。それがどのようなものなのか、もはや想像もつかないが、我々に残された時間もまた想像を絶する長さである。

宇宙論に残された問題

それでは最後に、学問としての宇宙論についての果て、すなわちフロンティアとして、宇宙論に残された謎とその解明へ向けた展望を述べておこう。現代の宇宙論における最大の未解決問題はなんと言っても「暗黒物質」と「暗黒エネルギー」であろう。研究者がこれらについて講演する際、スライドにダースベイダーの絵を入れるのはもはや世界的に使い古されており、ベタすぎてはばかられるほどである。ちなみに、宇宙の晴れ上がりから初代銀河形成までの「暗黒時代」をこの二つに加えて、「黒い三連星」というネタを講演でかましたのは、知る限りでは筆者が最初だったと考えている。

むろん、他にも根源的な謎はいろいろある。例えば、わずか10億分の1程度という粒子と反粒子の非対称性の起源はどこから来たのか、インフレーションやその前の宇宙の始まりはどのようなものだったのか、などといった究極の謎は尽きないが、これらはあまりに昔すぎて直接的な観測データが無い。超高エネルギーの素粒子物理学が進展すればなにかヒントが得られるかもしれないが、現状ではすぐには望めそうにない。となると、やはり今の宇宙で、すぐそこにある謎という意味では、暗黒物質と暗黒エネルギーの正体こそ、現在の宇宙論の中心的課題と言えるだろう。

暗黒物質研究の展望

両者を比べると、暗黒物質の方が比較的見通しは立っている。その正体として様々な候補が提案されているが、中でも有力なのがニュートラリーノと呼ばれる素粒子である。これは既知の粒子「ニュートリノ」と違い、現時点では理論上の存在でしかない。弱い相互作用しかしないという点はニュートリノと同じであり、そのため光では見えず、重力でしか存在がわからないという暗黒物質の条件を満たす。だがニュートリノの質量がほぼゼロなのに対し、その質量は陽子の100倍以上と考えられている。

この粒子が特に有力候補と目されるのにはもちろん理由がある。この粒子は元々、暗黒物質を説明するために発明されたものではない。超対称性という、素粒子理論の整合性の観点から導入された概念に基づいて理論を立てると、この粒子の存在が予言される。そして理論を初期宇宙に適用すると、この粒子がちょうど暗黒物質としてほどよい数密度で生成されることがわかったのだ。この「自然さ」が、ニュートラリーノを数ある暗黒物質候補の中で特別な存在にしていると言っていい。

例えば、ブラックホールも暗黒物質の候補である。ブラックホールも光では直接観測できないから、宇宙初期にほどよい存在量でブラックホールが生成されれば、暗黒物質たりうる。ただ、宇宙初期にブラックホールが生成され、しかもそれが暗黒物質としてほどよい存在量になるという理論的必然性がない。多くの暗黒物質候補はそうした類いのもので、可能性として否定はされないが積極的にそれを考えたくなる必然性もない、というわけである。

ニュートラリーノが注目される理由はもう一つある。それが本当に暗黒物質であるなら、近い将来に観測や実験で検証できる見込みがあるのだ。その粒子密度は、太陽系付近ではおよそ1リットルの体積に一つぐらいになる。そんな粒子が、この本を読んでいるあなたの周囲で、今も秒速数百キロメートルほどで飛び交っているはずである。こうした粒子を地下に設置した巨大な検出器でとらえようという実験が世界中で行われている。ニュートリノと同じで、ごくたまにしか衝突反応を起こさないから巨大な検出器が必要になる。地下に潜るのはノイズとなる宇宙線を避けるためだ。

一方、天文観測でもニュートラリーノをとらえられるかもしれない。二つのニュートラリーノはごくたまに衝突し、対消滅してガンマ線となる。銀河系の中心部など、暗黒物質が集中している領域ではそうした反応が比較的多く起きるはずだ。そのようなガンマ線が、人工衛星や地上ガンマ線望遠鏡で検出される日がくるかもしれない。そしてもう一つの可能性は、ＬＨＣのような大型素粒子加速器実験で超対称性粒子が発見されることだ。

面白いのは、これら三つの全く異なるアプローチが、それぞれ、いつニュートラリーノの兆候をつかんでもおかしくない感度に到達している点だ。今後10年ほどの間に、暗黒物質の正体が解明されてもそれほど驚くべきことではない（ただし、そういうことを言い始めてからもう20年近く経つが……）。もし解明されれば、ノーベル賞一つでは足りないぐらいの成果となるはずである。

ただし、自然は常に我々の予想通りになっているとは限らないこともまた、肝に銘じておくべきであろう。ニュートラリーノは確かに説得力のある候補であるが、あくまで候補に過ぎない。全く予想外の素粒子、あるいは別のものが暗黒物質である可能性も十分に残されている。もうしばらく探査を続けていくと、ニュートラリーノが暗黒物質ならば確実に発見されるべき感度を達成してしまうだろう。それでも見つからない場合はニュートラリーノ説が否定されることになる。その時、暗黒物質研究は途端に袋小路に入り、近い将来に解決の見込みのない難問に逆戻りしてしまうかもしれない。

暗黒エネルギーという巨大な謎

さて暗黒エネルギーの方であるが、こちらはすでに袋小路に入り込んでいると言うべきかもしれない。なにしろ暗黒エネルギーの物理的起源については、満足のいく理論的仮説すら皆無という状況なのだ。観測データに合うモデルを作るだけなら簡単で、暗黒エネルギーは宇宙定数であるとして、ちょうど良い値を仮定すればよい。宇宙定数は物理量としてはエネルギーの4乗になっていて、その観測に合致する値は1ミリ電子ボルトの4乗ほどになる。このエネルギースケールは、我々の身の回りで起きているごく普通の化学反応と大差ない。

一方で、現代の素粒子標準モデルは1兆電子ボルト程度までは極めて高い精度で実験的に検証されており、これより低いエネルギースケールでなにか変なことが起きているとは考えにくい。

つまり、現在の標準理論や実験データに矛盾のない形で、ゼロでない宇宙定数の理論モデルをたてようとすれば、どうしても1兆電子ボルトより上になってしまう。エネルギーで言えば15桁、宇宙定数の値で言えば実に60桁にわたる、絶望的とも言える食い違いである。

暗黒エネルギーの問題が特に脚光を浴びたのは、20世紀末に宇宙定数がゼロではないと判明してからである。だが実はそれ以前から、宇宙定数はやっかいな問題だと考えられていた。素粒子理論的には少なくとも1兆電子ボルトより上の値で宇宙定数がゼロでない方が自然なのだ。ということは、仮に宇宙定数が厳密にゼロであったとしても、自然な値からは圧倒的に小さいという問題からは逃れられない。

それでも、せめて厳密にゼロというのであれば、なにか宇宙定数を打ち消すようなメカニズムを考えればよさそうだ。だが観測データは、非常に小さいがゼロではないことを示している。問題はそれだけではない。その値はなぜか、長い宇宙の歴史の中で、ちょうど我々が生きているこの時代に、物質のエネルギー密度とほぼ等しくなるようになっている。すでに述べたように、我々が都合良くそれを目撃しなければならない必然性はないのである。

インフレーションを引き起こしたのは宇宙定数ではなく、なにか未知の素粒子が持つポテンシャルエネルギーと考えられている。そこで、暗黒エネルギーもそのようなものと考えるシナリオもある。この場合、未知の素粒子を理論モデルに組み込む数学的可能性はそれこそ無限にあり、実際に星の数ほどのモデルが提案されている。あるいは、そもそも宇宙論が大前提としている一般相対論がもはや適用できないのかもしれない。暗黒エネルギーなどという得体の知れないものを持ち込むのではなく、重力理論を変更することで宇宙の加速膨張を説明するという試みも数多くなされている。だが自然な説明ができないことに変わりはなく、宇宙定数に比べて本質的な改善にはなっていないのが実情である。

そこでいわば最後の手段として登場するのが人間原理という考え方である。元々これは、「我々人類が観測する宇宙は、そのなかに人類が誕生できるようなものでなければならない」という、ほとんど自明のことを言っているに過ぎない。これを宇宙定数に応用すれば、「宇宙定数が大きい宇宙では人類が誕生しない」ことを用いて、宇宙定数が異常に小さいことを説明するということになる。実際、宇宙定数があまりに大きいと、銀河が形成される前に宇宙の加速膨張が始まり、重力で潰れるべきハローが斥力のために潰れなくなる。つまり、銀河ができなくなり、当然ながら太陽も地球も人類も生まれないであろう。

物理学者が自然現象を説明する上で、このような原理に頼ることは本来、好ましくないことである。すべてを支配する基礎物理法則を見出し、それによってすべての観測事実を説明するのが理想である。だが暗黒エネルギーに関しては、このような議論が真面目にされている。それは裏を返せば、このような手段にまで訴えねばならぬほど、理論的に説明することが難しいということなのだ。

だが、これが自然科学として健全な説明となるには、一つ重要な点をクリアしなければならない。宇宙が誕生する時に、宇宙定数（あるいは暗黒エネルギー）がランダムにいろいろな値をとるということである。それは、宇宙が我々のものだけではなく、数多くの宇宙がどこかで誕生しているということでもある。我々の宇宙が１３８億年前に突然始まったことは間違いない。それを思えば、我々の宇宙だけでなく他にも数多くの宇宙が誕生していると考えることはむしろ自然であろう。

その時、宇宙定数が様々な値をとる理論的可能性もいくつか議論されている。そのような説得力のある理論が完成して初めて、暗黒エネルギーの問題は解決されるのかもしれない。ただしそのような理論は、量子重力理論のような宇宙の超初期で適用されるものだろうから、それが解明されるのはまだまだ遠い将来のことと思われる。

暗黒エネルギーの解明に挑む

一方、観測による暗黒エネルギーの起源探求の方はどうだろうか。暗黒物質のように検出器の中で反応を起こしたり、対消滅してガンマ線を出したりということはあまり期待できない。現在のところ、我々が暗黒エネルギーの存在を認識しているのは唯一、宇宙の膨張が予想に反して加

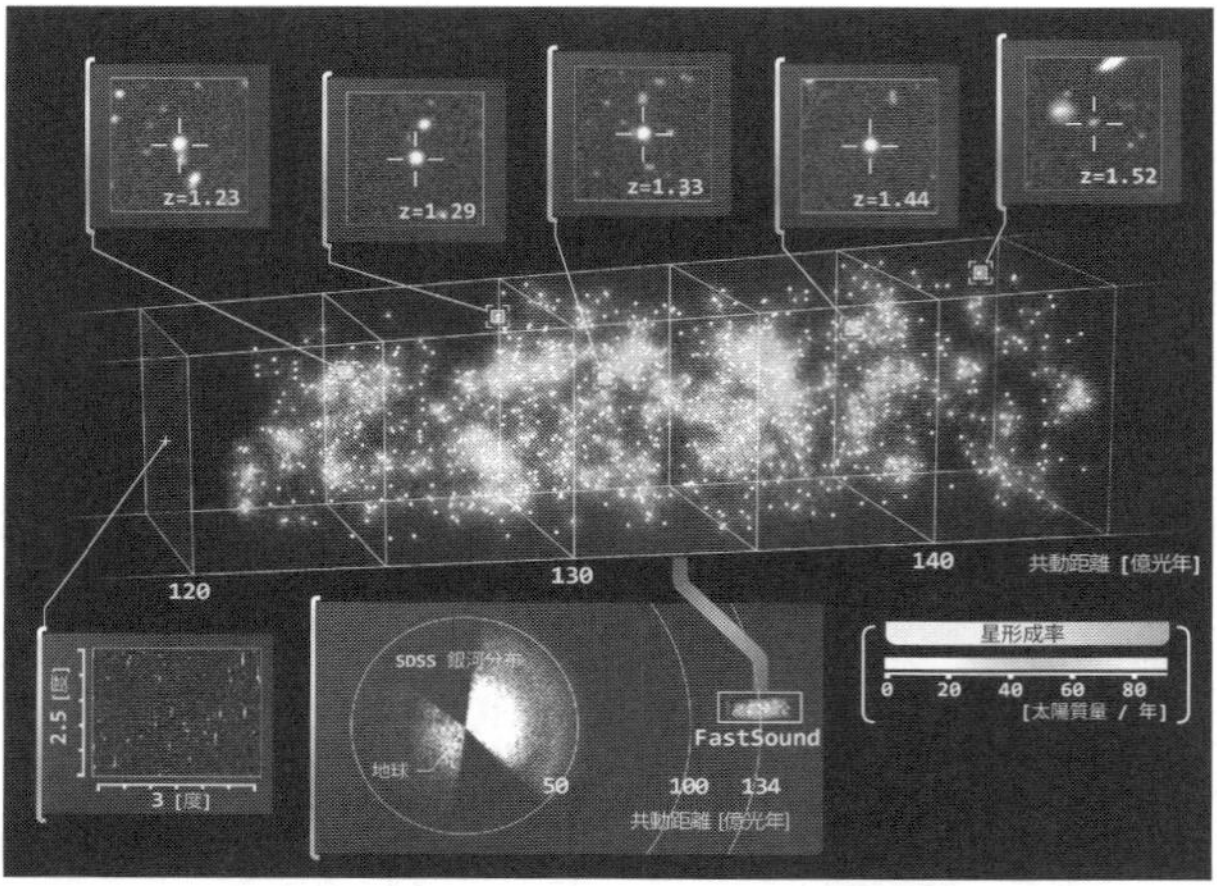

図9－1　すばる望遠鏡をもちいたFastSoundプロジェクトから得られた、130億光年彼方（宇宙誕生後47億年）の3次元銀河分布
(Image credit　FastSound/国立天文台)

速しているという点からだけである。したがって、暗黒エネルギーの詳しい性質を調べるには、宇宙の膨張の仕方を精密に測定するほかはない。

　そのために期待されているのが大規模銀河サーベイである。空のある広い領域をくまなくサーベイし、検出された膨大な数の銀河を分光して赤方偏移を一つ一つ決めていくという、地道な作業である。赤方偏移から距離が推定できるわけだから、第3章図3－1で見たような銀河の3次元地図が得られることになる。図9－1は、現在のところ最も遠い、宇宙誕生後47億年のころの銀河3次元地図である。

　こうした銀河地図を数学的に解析すると、これらの銀河までの正確な距離を割り出すことができる。赤方偏移から距離を推定することが多いが、赤方偏移の本質は天体が遠ざかる速度である。赤方偏移から推定した距離は、膨張宇宙モデルを介して見積もったものに過ぎず、真の距離測定とは言えない。だが銀河地図からは、赤方偏移とは独立にこの真の距離が求まるのである。

かつてハッブルは、この真の距離と赤方偏移を比較することで宇宙膨張を発見した。現代ではそれをもっと精密に、そして遠方（つまり昔）の宇宙にまで拡張しつつある。これにより現在の膨張速度のみならず、それがどのように変化してきたのか、その歴史がわかる。膨張を加速、つまり膨張速度を増加させるのが暗黒エネルギーなのだから、どのように加速が起きてきたかを精密に調べれば、暗黒エネルギーの物理的性質がわかるというわけだ。

具体的に、どのような物理的性質がわかるのだろうか？　光も含めてすべての物質は圧力を持っている。圧力はその物質のエネルギー密度と関係し、両者の関係式は物質によって異なる。暗黒エネルギーの代表選手である宇宙定数は、通常の物質と異なり負の圧力を持ち、それがエネルギー密度に等しいという性質を持つ。圧力とエネルギー密度の間の比例定数をwとすれば、$w=-1$で不変というのが、宇宙定数の定義のようなものである。

大規模な銀河サーベイを行って、wの精密な値や時間変化を測定しようというのが、観測による暗黒エネルギー研究の目下の目標である。これまでの多くの観測データは、それが宇宙定数に近い、つまり誤差の範囲でwが-1という結果を支持している。だが今後、精度を高めていくといつかwが-1からずれていることが発見されるかもしれない。それは宇宙定数が暗黒エネルギーの候補としては棄却されることを意味する。解明へ向けて、大きな手がかりとなろう。

しかし、どこまで精度を高めてもwが-1で不変、つまり宇宙定数で矛盾なしという結果が待っているのかもしれない。その時は「宇宙定数とはなにか」という、あの難しい理論の問題に戻ってしまう。あと10年ほどは、世界中でwを決めるための研究が精力的になされるだろう。だが巨額の資金をかけて、世界で一つしか作れないような人工衛星を打ち上げ、その結果がやはり「$w=-1$でいいよ」となる可能性も多分にある。そのあたりで天文学者の根気も尽きて、「もう人間原理で納得しようか」となるのかもしれない。宇宙論の果て、あるいは「wの悲劇」とでも呼ぶべきであろうか。

紛れもなく、暗黒エネルギーは宇宙が人類に突きつけた最大の難問である。今後しばらくは、これを解明するために世界の天文学の総力を挙げた挑戦が続く。その先に一体どのような果てが待っているのか。楽しみに待つことにしたい。

おわりに

「『宇宙の果て』で書いていただくことはできませんかね?」

編集者の方と、ブルーバックスで宇宙論関係の本を出すプランを練っていた時のやりとりである。当初、私としてはもう少しオーソドックスに宇宙の歴史などを描くことを想定していたのだが、書籍として売るにはやはり何か新しい切り口がほしいとのことだった。たしかにその方が、一般社会のニーズに応えることにはなるだろう。一般向けの講演会で天文や宇宙の話をすると、出てくる質問のトップ3が「宇宙の果て」「ブラックホール」「宇宙人」についてのものであることは、我々天文学者の間では半ば常識となっている。

自然科学者の端くれとしては、「宇宙の果て」に対して堂々と明確な答えなど出せるわけがない。それはお読みいただいた通りである。だが、様々な意味の「宇宙の果て」が考えられて、そして、現代科学がその答えにどこまで迫っているか、その最前線の雰囲気はある程度伝わったのではないかと期待している。

人間というものは未踏の領域、フロンティアを探検しないと気が済まない動物であるらしい。そのフロンティアを定めているのは、多くの先人たちの探求によって少しずつ拡がってきた人類の知識や到達範囲の限界、つまり「果て」である。「果て」を探る問いかけは、結局のところ自らの限界と向き合うことになる。自らの小ささを知り、謙虚な気持ちになれることが、「宇宙の果て」について考えることの意義と言えるのかもしれない。

宇宙の果てに限らず、全ての人間は、常に様々な限界や果てと向き合いながらそれぞれ生活している。本書が、読者の皆さんのそれぞれの「果て」に向き合う上で何らかのヒントにでもなることがあるとすれば、著者望外の喜びである。

本書は、筆者としては初めて、一般社会向けの書籍を単著で書き上げたものである。いわばデビュー作のようなものだが、それにしては少々大それたテーマに挑戦してしまったのかもしれない。宇宙論や天文学の気軽な入門書にもなるよう、基礎知識が無くてもわかりやすい記述となるよう心がけたつもりであるが、これぱかりは読者の皆さんの評価に委ねるほかはない。それでも、本書を書き上げたことは筆者にとって大変有益であった。

我々研究者が大学で講義をすることについてしばしば言われることだが、講義とは学生のために行う面倒な業務や、研究の妨げとなる雑用などではない。むしろ、講義を準備する上で一番学ぶのは講師の側である。一度は理解したつもりになっていた理論や法則を、人に教えるために改めて学び直すことで、自分のこれまでの理解がいかに浅いものであったかを思い知らされるのである。一般社会向けの書籍を書き下ろすという作業もまた、この点は全く同じであった。星間物質などの研究で有名なライマン・スピッツァーの教科書の冒頭にある、以下の言葉を改めてかみしめた次第である。
「若い世代に捧げる。私は君たちから多くのものを学んだ」

本書を書き上げる上で、講談社ブルーバックス編集部の家中信幸氏、編集長の篠木和久氏にはひとかたならぬお世話になった。厚く御礼申し上げる。また、5歳と2歳の2人の娘を抱え、大学での本務もある中、本書の執筆を続けることで妻の清香には大きな負担をかけてしまった。彼女の協力がなければ本書の完成はずっと遅れたことであろう。深く感謝したい。娘たちがもう少し成長し、本書から何かを学んでくれる日が来ることを楽しみにしている。数年前に他界した私の母は、文芸書から科学本まで、文字通り本の虫であった。もう少し早く本書の執筆を思い立っていれば、手に取って読んでもらえたかもしれない、それだけが心残りではある。

平成30年6月　梅雨空の文京区西片にて

戸谷友則

【ま行】

【や行】

【ら行】

【わ行】

【さ行】

さくいん

N.D.C.440　246p　18cm

ブルーバックス　B-2066

宇宙《うちゅう》の「果《は》て」になにがあるのか
最新天文学が描く、時間と空間の終わり

2018年7月20日　第1刷発行
2023年11月8日　第7刷発行

著者　戸谷友則《とたにとものり》
発行者　髙橋明男
発行所　株式会社講談社
〒112-8001 東京都文京区音羽2-12-21
電話　出版　03-5395-3524
販売　03-5395-4415
業務　03-5395-3615
印刷所　（本文印刷）株式会社ＫＰＳプロダクツ
（カバー表紙印刷）信毎書籍印刷株式会社
製本所　株式会社国宝社

定価はカバーに表示してあります。

ISBN978−4−06−512499−4

発刊のことば

科学をあなたのポケットに

二十世紀最大の特色は、それが科学時代であるということです。科学は日に日に進歩を続け、止まるところを知りません。ひと昔前の夢物語もどんどん現実化しており、今やわれわれの生活のすべてが、科学によってゆり動かされているといっても過言ではないでしょう。

そのような背景を考えれば、学者や学生はもちろん、産業人も、セールスマンも、ジャーナリストも、家庭の主婦も、みんなが科学を知らなければ、時代の流れに逆らうことになるでしょう。

ブルーバックス発刊の意義と必然性はそこにあります。このシリーズは、読む人に科学的に物を考える習慣と、科学的に物を見る目を養っていただくことを最大の目標にしています。そのためには、単に原理や法則の解説に終始するのではなくて、政治や経済など、社会科学や人文科学にも関連させて、広い視野から問題を追究していきます。科学はむずかしいという先入観を改める表現と構成、それも類書にないブルーバックスの特色であると信じます。

一九六三年九月　　野間省一